二魚文化

思埠崛起

吳召國的微商時代

理由，林木  著

CONTENTS

序

草根逆襲——吳召國的夢工廠 8

他是一個中國典型的草根八〇後。
他高中畢業就走進了職場的風雨。
兩次創業，兩次失敗。

PART 1

吳召國這個人

二〇一四年，他的事蹟，登陸《人民日報》，被稱為「中國微商第一人」；他將公司的年會開到了人民大會堂；他擁有了一間準上市公司。
很多人看到了他一年之內發生的奇蹟。但他其實用了十年的汗水和淚水才走到今天。

1．他的路 17
2．他的傳奇 21
3．關於他的解讀 24

PART 2

我思，我埠

二十八年人生路，
他失去的，得到的，
走走停停中，
何物最思，何處是埠？

1．家鄉，我最初的埠 31
2．求學，我的堅持與妥協 47
3．輾轉，我走過的城市 63
4．現在，我懂得了人生 86

PART 3

崛起，時代

那個沒有傘的孩子，
拼命地跑著。

1・引子 96
2・關於「思埠」 101
3・老吳說微商 105
4・夢圓之一：從地下室到十三層大廈 113
5・講課講怕了的日子 118
6・收購黛萊美・先有市場再談品牌 126
7・圓夢金字塔・帶著草根一起飛 131
8・夢圓之二：將廣告打到央視春晚 135
9・做最有愛的企業 139
10・夢圓之三：明星戰略・四大美女助威思埠 145
11・全鏈條控制・品質就是生命 150
12・夢圓之四：思埠盛典唱響人民大會堂 154
13・機遇，不僅僅是機遇 161
14・夢圓之五：做一個上市公司 168
15・那些綴在枝頭的果 174
16・未來，很遠很遠 179

PART 4

從夢，到夢

一個民族，需要夢想；
一個時代，也需要夢想。
具體到每一個個體，
平凡如你我，
也常常在嘮叨著某部電影的經典對白：
人若沒有夢想，
同一條鹹魚又有什麼分別？

1．什麼是思埠夢 185
2．一個夢工場的存在意義 189
3．夢開始的地方 192

PART 5

微商，大善

不一定能做中國最成功的企業，
但一定要做中國最有愛的企業。

1．一種價值：中國式慈善之下，誰在大愛大善？ 218
2．一種模式：授人以魚，不如授人以漁 222
3．一種理念：愛，從這裡蔓延 226
4．愛的圖畫 229

後記

微的夢 252

序 草根逆襲——吳召國的夢工廠

一年前，在中國商業版圖上，還沒有「思埠」這個名字。

半年前，百度上輕輕點擊「思埠」，上百萬的搜索結果瞬間就會呈現出來。

至今日，「思埠」已成了一個大眾流行概念，影響並改變著人們的生活。

思埠究竟是幹什麼的？它的創始人又是誰？思埠是做「微商」的，就是通過「微信平臺」營運商業；它的創始人叫吳召國。在這個充滿無數可能性的時代，思埠用「微商」模式，為成功詮釋了一個新的定義，並把「微商」這個詞，清晰地印在資訊化時代的背景板上。

人類社會經歷了三次資訊化技術革命的浪潮，第一次是電腦的出現，第二次是互聯網的問世，第三次是雲計算的到來，人類社會已進入大資料和4G時代，這是一個整合資源的時代，這是一個運用移動互聯網從事商業模式創新的時代，更是一個商業人物英雄輩出的時代，誰抓住了先機，誰將佔領商業競爭的制高點。

在「微博」基礎上出現了「微信」，在「微信」的基礎上產生了「微商」，人們可以通過「微信」平臺做生意。現代經濟是資訊經濟，是注意力經濟、是眼球經濟，誰能吸引眼球，誰就能運用最經濟的手段提供服務，誰就會引起消費者的注意，誰就將贏得市場，「微商」就在這種背景下應運而生。而吳召國就是這個「弄潮兒」，也是幸運兒。

思埠的迅速崛起，超乎了人們的想像。對於「微商模式」，人們充滿了好奇。社會上出現了流言蜚語，他究竟是「富二代」還是「官二代」？然而，當思埠的掌門人吳召國走到了臺前時，人們才發現，這一切遠沒有那麼神秘。

吳召國，一個尚不滿三十歲的八〇後，一個來自山東沂蒙老區的孩子，甚至沒上過大學，是一個典型的草根階層。十八歲時，吳召國背井離鄉，走進溫暖與冷漠、疾風與苦雨，開始闖世界。他打過工，創過業，有喜悅也有失敗。他從東到西，從北到南，直到創立思埠公司，他走了一條打工者都走過的路，他和同齡人沒有區別。只不過，吳召國無數次回眸與擦肩的，那是屬於他自己的埠，也就是沂蒙山區的「新埠村」，那是他的家園，那裡有他的鄉親，那裡有他的鄉愁，那是他的原點，一碗又一碗的「玉米糊糊」。

沒錯，如果說不一樣，也許就是吳召國的「埠」，雖然美麗卻依然貧窮的故鄉。那是他的初心，那是他不能忘的「本」。抹去所有關於「傳奇」的迷霧，吳召國和思埠，都單純得近乎透明，在這越來越崇尚草根英雄的時代，善意的人們開始認真地閱讀起關於他的一切。

吳召國並不在意那些光環，也不在意那些對他的誹謗和猜忌。如果一定要問他是怎樣走上這條路的？無非是他有與眾不同的特質：洞察力、把握先機、不懈地堅持、永不言敗等等，這幾乎就是一個「成功學大綱」。

當然，在思埠的迅速崛起中，有兩點特別醒目：一是夢，二是愛。

吳召國的心中一直有夢。二〇一四年，他用不到一年的時間實現了自己五個夢。從地下室搬到十三層的思埠大廈；將廣告打到央視春晚；請一線明星為產品代言；把年會開到人民大會堂；做一個上市公司，這五個夢在外人看來遙不可及，但他都實現了。有誰知道，思埠在二〇一四年三月「落地」時，只有三個人的團隊和一間狹小的地下室。一個「振興民族化妝品品牌」的夢，就發軔於一間沒有陽光照射的地下車庫。回頭看，思埠這樣一次光明正大的落地，當時無論充溢著怎樣豪情，在大都市廣州繁華簇簇的淹沒中，因為志向高遠，更顯得悲壯。

其實，這五個夢，並不是吳召國的核心訴求。他最大的夢想是，帶領和他一樣的草根一起逐夢，一起圓「微商」夢。他認為，人生最大的成功不是一個人的成功，而是帶著更多的人一起成功。「無夢想，怎翱翔？！」這是吳召國內心深處的一次次呼喚，這也是思埠不斷崛起的宣言。

夢想之外，是他的「愛人如己」。吳召國曾說過，他一直記得那只漂亮的鉛筆盒，一個「衣錦還鄉」叔叔的贈品。當時他還是二年級的小學生，這只鉛筆盒給他帶來的幸福感一直在溫暖著他。他發誓，長大以後一定要給窮孩子帶來這樣的幸福感。於是，就有了後來的思埠幫扶基金、思埠遍佈全國的上千支義工隊、思埠為殘疾人創建的創業平臺，一次次的捐助，一次次的災區救援，都讓思埠的企業文化，充滿溫情和凝聚力。

思埠崛起，當然不僅僅是依託夢想與愛。

和許多成功者一樣，吳召國和他的團隊很多時間都睡在辦公室裡，他們拼命工作累到常人無法想像的地步。吳召國有時也幻想成為像父母期許的那樣：「兒子眼中朝夕相處的英雄」、「爺爺眼前不時噓寒問暖的孫子」，但他做不到，因為他要帶領許多的思埠人逐夢，一次次為草根創業尋找方向。正因為這些遺憾，造就了思埠奇蹟，也就有了吳召國獨領風騷的「微商世界」。

今天，新一屆政府強調全社會都要為草根創業提供一個廣闊舞臺和優良環境，一次致力於中華民族偉大復興的長跑已經啟程。

吳召國和他的微商模式，真可謂：順應大勢、抓住機遇、成就夢想。好風借力，駿馬奮蹄。在波瀾壯闊的資訊時代的大潮中，中國夢、思埠夢、吳召國的夢，都被融合在一起，定格為一種感動。

思埠的崛起，微商時代的到來，這是歷史的選擇。

韓秀雲　二〇一五年三月三日

PART 1

吳召國這個人

他是一個中國典型的草根八〇後。

他高中畢業就走進了職場的風雨。

兩次創業，兩次失敗。

二〇一四年，他的事蹟，登陸《人民日報》，被稱為「中國微商第一人」；他將公司的年會開到了人民大會堂；他擁有了一間準上市公司。

很多人看到了他一年之內發生的奇蹟。但他其實用了十年的汗水和淚水才走到今天。

中文名：吳召國
外文名：JOOGO WU
國籍：中國
民族：漢
出生地：山東臨沂
出生日期：一九八六年正月二十

吳召國，是誰？

你可以不知道。

因為你老了。

哪怕你老了，你也應該知道。

因為，你的孩子們天天聊他、搜索他、膜拜他。

他是年輕人心目中的微商「教父」。對，你是爹，他是教父。

更確切點說，他是年輕人生活中離不開的三個男人之一——那兩個，地球人都知道，不說了。還有一個，就是他，吳召國。

年輕人可能更推崇他。他，就像上鋪兄弟、鄰家夥伴，一個中國典型的草根八〇後，最為傳奇的「創業皇帝」，觸手可及的江湖大佬。易學、好學、能學。要學，就學他好了。

是的，他太值得你用各種望遠鏡、放大鏡、顯微鏡來打量、研究、欣賞了。

雖然，他極度避免進入公眾視野，極度渴望低調。

他也身不由己。作為一枚最挺拔的創業符號，作為一個最傲嬌的拼搏範本，他必須被解剖，接受手術刀。他的不擇壤流，逆襲於無形；他的躋躋蹌蹌，盛極以求遠；他的化繁就簡，破萬難於一瞬；他的篤行大道，植公益在尋常……都被奉為圭臬，引領同儕。

他接受了邀約，說，那我說說吧。說說真實的自己。說說登高，也說說望遠。說說篳路藍縷的不易，也說說遙蕩恣睢的快意。說說家長里短，也說說夢與情懷。說說真的。反對滿嘴跑火車，反對扮名士。反對妖魔化，反對神化。

二十八年的風風雨雨，說來就來。

1／他的路

二〇〇五年初，就職於一家新興公司，第一次接觸化妝品行業。

二〇〇七年，在山東成立第一家屬於自己的化妝品品牌代理公司。

二〇〇九年，轉向北京發展，實現了將近千萬的業績。

二〇一〇年二月，成立廣州眾美化妝品有限公司。

二〇一〇年四月至十二月分，全國各地召開十餘場招商會。

二〇一〇年十二月至二〇一二年間，眾美集團捐贈浙江仙居小學圖書館，陝西咸陽、河北石家莊、黑龍江牡丹江等地均有贊助的愛心圖書館。

二〇一一年至二〇一二年，分別在石家莊、玉溪、廣州等地舉辦了為貧困山區孩子捐書的明星慈善演唱會（黃征、海鳴威、吳克群、旺姆、潘美辰等明星出席）。

二〇一二年，成功簽約香港影星溫碧霞為歐蒂芙品牌形象代言人。

二〇一三年，轉型電子商務，借助天貓平臺，成立歐蒂芙旗艦店。
二〇一三年五月，投資拍攝微電影《女人為什麼要大》。
二〇一三年七月至九月，大力拓展媒體及平臺建設，攜手嗨淘網及多次錄製並參與導演湖南衛視越淘越開心節目，與此同時，推動歐蒂芙走進樂蜂網、天天網、唯品會等B2C平臺。
二〇一三年九月，帶領化妝品科研團隊研製護膚品。創造歐蒂芙xx水，對抗SKII，打造護膚水系列國際品質的民族品牌。
二〇一三年十一月，大力開展快樂購等電視購物平臺。
二〇一四年三月，以五十萬元人民幣為註冊資本創辦廣東思埠集團。
二〇一四年五月二十六日，「天使之魅」在二〇一四年風格盛典上與國際品牌力士、英菲尼迪共同榮獲「風格盛典風格品牌獎」，成為本次唯一一個中國獲獎的品牌。
二〇一四年九月十八日，思埠集團登陸深圳文化新媒體《晶報》；九月二十五日思埠集團董事長吳召國專訪刊登在《人民日報》歐洲刊華商家園四十三版。
二〇一四年九月三十日，吳召國受邀成為《非你莫屬》BOSS團之一，來到天津衛視進行現場節目錄製。
二〇一四年十月一日，思埠集團品牌「天使之魅」重金冠名了天津衛視最火爆的綜藝節目《愛情保衛戰》。

二〇一四年十月二十六日，思埠集團贊助的李敏鎬「重裝上陣」演唱會在廣州國際體育演藝中心取得圓滿成功。

二〇一四年十月二十七日，思埠集團副總裁馬銳參加天津衛視大型招聘節目《非你莫屬》，在節目現場為思埠集團招賢納士。

二〇一四年十月三十一日，CHBA中國美髮美容協會授予思埠集團第五屆理事單位稱號。

二〇一四年十一月五日，思埠集團旗下品牌產品黛萊美多重修護面膜廣告片在央視CCTV-1各時間段投放。

二〇一四年十一月八日，由中央電視臺證券資訊頻道策劃的大型電視財經欄目《品牌故事》晚八點播出對思埠集團以及吳召國的專訪節目。

二〇一四年十一月十日，廣東省美容美髮化妝品行業協會授予思埠集團董事長吳召國協會副會長榮譽稱號，同時授予廣州思埠生物科技有限公司為協會副會長單位。

二〇一四年十一月十八號，二〇一五年春晚19：59分的廣告被思埠集團成功拿下，十五秒的時間內，吳召國、馬銳和代言人林心如一起在電視機前向全球十幾億的華人拜年。

從二〇一四年六月到十二月分，六個月的時間，思埠集團陸續請到楊恭如、秦嵐、袁姍姍以及林心如作為代言人。

二〇一四年十二月三十一日，思埠黛萊美「裸」BB霜獨家冠名東方衛視「夢圓東方 我們的夢」跨年演唱晚會。

二〇一四年年底，思埠集團的十三層樓辦公大廈拔地而起。

二〇一五年一月六日，廣東思埠集團正式入股本土第一家在新三板上市的日化企業——幸美股份（股票代碼830929），成了幸美股份最大股東。廣東思埠集團直接控股上市公司幸美股份，正式成為準上市公司。

二〇一五年一月十二日，思埠集團董事長吳召國出席中國化妝品領袖高峰論壇並被授予「中國化妝品領袖主席團品牌副主席」稱號。

二〇一五年一月十三日，思埠集團董事長吳召國出席首屆全球萬人微商大會暨巨星跨年演唱會並獲得「中國微商年度管道貢獻獎」。

二〇一五年一月十三日，廣東思埠集團成為微商指定教學基地。

二〇一五年一月二十四日，廣東思埠集團走進人民大會堂舉行二〇一五思埠夢想盛典。

二〇一五年二月十一日，思埠集團旗下品牌黛萊美多重修護面膜獨家冠名二〇一五年央視網路春晚。

二〇一五年三月十五日，思埠集團旗下品牌黛萊美聯合特約央視315晚會，為消費者權益保駕護航。

2／他的傳奇

短短數月，從小型企業到集團企業的躍升，從名不見經傳到成為國內頂尖的微商第一人；無數個日夜的打拼，通過網路、微信銷售創造的「思埠奇蹟」，被業內視為微行銷中最經典的案例……廣州思埠生物科技有限公司董事長吳召國，一位未及而立之年卻始終堅持追尋夢想的商界少帥，用青春和汗水，書寫著一部永不言敗的創業傳奇；用創新與智慧，帶領越來越多的人共同致富；用真情與大愛，譜寫著一首動人的愛心旋律。

建立在思埠集團的成功秘訣是什麼？吳召國給出了答案：「讓企業的夢想幫助更多的人實現夢想，基礎之上你才能夠跑得更遠，你的夢想才能飛得更高」。

日前，李克強總理在第八屆夏季達沃斯論壇上致辭中提出：借改革創新的「東風」，在中國九百六十萬平方公里土地上掀起一個「大眾創業」、「草根創業」的新浪潮，中國人民勤勞智慧的「自然稟賦」就會充分發揮，中國經濟持續發展的「發動機」

就會更新換代升級。吳召國和思埠團隊，正是以飽滿的創業熱情和辛勤的付出，帶動更多的普通人在創新之路上共同尋夢。

——《人民日報》歐洲刊

廣州思埠，憑藉著雄厚的實力和出色的人才隊伍，經過半年的苦心經營，思埠化妝品銷售份額和市場佔有率得到了驚人的飛速發展，成為了全國化妝品行業的佼佼者。因此，廣州思埠的首席執行官吳召國的背景便成了思埠員工及代理商們津津樂道地話題，吳召國從單槍匹馬的個人奮鬥，到如今領導一千多名員工的董事長，用了十年的時間，其中不為人知的辛酸創業歷程給人留下深深的求知慾。吳召國，一個年紀輕輕的小夥子為何有如何魔力？

——新華網

從無到有，從最初的三個人到近一萬人，從一百多平方米的辦公室到十三層的思埠大廈，從註冊資金五十萬到一億，從只有一款面膜到目前的四位代言人，只有二十八歲的吳召國取得這些成績用了不到一年時間。很多人為之震驚，也很好奇，到底是什麼讓思埠集團在短時間內取得如此驕人的成績。但人們只看到了他現在的成功，卻並不知曉在此之前他的付出和堅持。而且，這些成績也並不是一蹴而就，這一切都離不開他二十八年的人生體驗和歷練。

——《新京報》

思埠集團董事長吳召國被定義為一位未及而立之年卻始終堅持追尋夢想的商界少帥。吳總曾經說過，人生最幸福的事情就是擁有自己的夢想，並擁有實現夢想的舞臺。若干年以後，無論何時回頭看自己來時的路，那些汗水沸騰過的青春，都讓我們每個人驕傲的說，你或許還只是原來的你，而我們卻早已超越了當初的自己。

思埠集團是彙集進取、實幹、獨特思想創意的港灣和碼頭，並運用新媒體營運模式，成為中國國內頂尖化妝品領導企業並始終走在行業前端。

——《新民晚報》

3／關於他的解讀

在這個充滿火藥味的快速變化微時代，我們從「傳奇商人」思埠CEO吳召國身上看到了一種「屌絲」(註)，草根逆襲夢想的精神：英雄莫問出處，拼搏與奮鬥成為吳召國人生旅途中永不停歇的主旋律，特別在這個移動互聯時代，他們有一種顛覆性互聯網思維，擁有創業激情，內心目標強大而堅定，性情執著，堅忍而勇於拼搏進取精神。他們的淺薄使得他們處理任何商業問題都能夠用最簡捷的辦法直指核心，他們的現實冷酷使得他們能夠撥去一切道德的含情脈脈而回到利益關係的基本面，他們的不畏天命使得他們能夠百無禁忌地去衝破一切的規則與準繩。

我個人有一種特別敬畏佩服的感覺，應該用怎樣一段話來描述這個微商年代的教父「人物」，吳召國正好就出現在上述時間的微信時代，自稱「出身屌絲草根」的他，身上或多或少擁有「狼性族群」的那種精神特質，而吳召國正好出現在這個時機，他的成功絕對不是偶然，也不是命中註定，殊不知道付出多少代價，常人是無法理解，或者內心無法感受到的，只有他自己才知道。有一段內容是吳召國自述的，說出了他的心聲，他至今充滿感慨：「或許我骨子裡就是不服輸的人吧，失敗是成功之母，兩次創業失利給了我許多經驗和啟迪，正是他的不輕言放棄精神意志，也影響了今後的人生創業之路」。很快，沒有輕言放棄的吳召國再次舉起創業大旗，在他二十多歲的時候收穫了人生的第一桶金。

那我提出觀點，他是怎樣成為微商第一人——思埠奇蹟締造者？

一、抓住了微時代早期紅利風口，站到了最高起點，也成就了他是微商最大領導者品牌，早期他們真正抓住籠絡了一批核心種子屌絲草根創業家庭主婦及大學生小群體：這些微商家庭主婦，創業大學生才是思埠集團忠實的核心創業跟隨者，如果沒有他們就沒有思埠，思埠確實給他們那些屌絲，草根創業分銷商帶來了利益，所以他們才可以跟你走的長久，思埠旗下黛萊美面膜今年在微信朋友圈分銷賣化妝品無人不知，基本每隔幾分鐘，朋友圈的螢幕訊息都被洗版了。

二、為什麼說思埠旗下品牌面膜號稱微商第一，關鍵是他們早期早已對微信行銷，摸透、摸清掌握一套強悍營運商業模式，有一句俗話：早起的鳥兒有蟲吃，就是這個意思，先進入者獲得微商市場紅利，後進來就不一定有，所以他們掌握了時機，記得吳召國這段話，說的很精闢很有味道，他說：「早在做電商期間，我就接觸到很多的自媒體，像微博、微信。微商，我的定義就是微小的商人，微小的商店。經過這半年的時間，我對微信行銷進行了仔細的研究規劃，摸透、摸清了一套全新的營運模式。微商和電商有個直觀的比較，如果說電商還需要開個店的話，那麼微商只要求你有一部智慧手機，有一些人脈和朋友圈就足夠了。從終端來看，微商是「微小」的，但是其中孕育的商機卻龐大無比，微商就是存在於細微之處的商機。在微商時代，每個人既是消費者，又是銷售者。」這些話直接擊中微商痛點，講的非常正確。

所以在當今「微」時代裡，微商第一品牌——思埠是最有資格話語權。

——余小華（自媒體人）

註／「屌絲」，網路興盛的諷刺用語，意即「矮矬窮」，與「高富帥」完全相反之意。

PART 2

我思，我埠

二十八年人生路，
他失去的，得到的，
走走停停中，
何物最思，何處是埠？

很多年以後，有那麼一代人，在夕陽裡回憶，他們曾經沒有電腦和綜藝的童年，寒窗苦讀畢業後卻懷疑讀書無用的青年，以及那些仍然在為家庭、事業而奔波的而立之年。

沒錯，這一代人，被稱為八〇後。

大江東去浪淘沙，一代八〇後也會紛紛老去。每一個人都在這時代裡，有心或無力地書寫著自己的故事。

吳召國，一個中國典型的草根八〇後，用他十年練劍的堅持不懈，寫就了中國當代一個最為傳奇的「八〇後當自強」的故事版本。

一舉成名天下知，萬千聚光燈中，他的一言一行，成為了眾人追蹤的熱點。人們用各種望遠鏡、放大鏡、顯微鏡來打量著這個公眾視野中的年輕人。

人們不自主地將他與同時代的人比較。作家如韓寒、郭敬明，明星如范冰冰、劉亦菲，運動員如劉翔、林丹，甚至，再延伸開去，鄰居家仍然未婚的小夥子，某親戚家正在出國留學的大姑娘……

這些人，都屬於八〇後。這些人，這批人，就在我們的身邊，昨日的稚嫩印象還沒來得及消去，如今已踏入人生的黃金時間。

而人們如此熱衷於關注吳召國，就在於他很像我們身邊的一大部分人：

出身草根，沒有富二代或其他的任何背景；
能吃苦，有理想，卻常常在市場經濟的浪潮中受挫；
吉他、籃球中求得過陶醉和忘形，卻又不得不每天提醒自己要認清現實。
也因此，儘管吳召國是八〇後中，少數在經濟領域取得傑出成就的代表人物，人們也不覺得他遙遠。
相反，他的故事版本顯得相當勵志和溫暖。
他吃過的苦，其他的很多八〇後也吃過；
他走過的路，很多八〇後也走過；
他有過的迷茫，很多八〇後也有過；
……
苦楚，卑微，眼淚，感恩，欣狂，迷失，蟄伏，拼搏，在他二十八年的人生中，俯拾皆是。曾經的波瀾壯闊，抑或曲徑通幽，在他今日功成名就的訴說之下，都成了細水長流的往事。
唯有，時而皺緊的眉頭，時而短暫的沉默，時而由心的微笑，能讓人看出，往事並不如風。

在這自述裡，我們更能走近一個真實的吳召國——他的語氣，他的措辭，他對得失成敗的直觀態度，他身為八〇後的一個成功的個體，對世界的思考。

↑ 童年時的吳召國（右一）

1／家鄉，我最初的埠

回鄉，就意味著一些容貌已經改變，一些往事已然逝去。留得住的，留不住的，就在這裡，最初出發的地方，對照著。從生活，到工作，再直指心靈。

對於中國人而言，家鄉從來就不止是桑梓地那麼簡單。那一片從小長大的地方，在給予了每個人生存下去的資本以外，也必以她的山水、炊煙、鄉音、鄰里、俗例在薰陶著每一個生活在這片土地上的人。

多少人的心中，故鄉，是地理上的，也是精神上的。精神上的原鄉。

一方水土一方人。那個遙遠的小山村，吳召國最初起步的地方，其實對他而言，是一個怎樣的所在？

那些他曾經賴以作伴的小動物，如今是怎樣在那一片土地上悠然自得？

而那些他曾經熟悉的臉孔，有多少已消失不見，或者變了模樣？

他曾寫下過的誓言，到今天有沒有實現？

回到了故鄉的這刻，故鄉與他，究竟誰變了模樣？

村外深山有點知

山東省臨沂市費縣新埠村，一張紅紙不知什麼時候貼在了一塊木板上。上面寫了一段話：「公告：廣州思埠集團吳召國先生回家鄉為我村老年人（範圍六十歲以上老年人）發放福利，定於二〇一五年一月二十日上午在村辦公室進行，請廣大村民相互轉告（含六十歲以下有殘疾的村民）。新埠村委。」

二〇一五年的春節前，他回到了他的老家。

吳召國，二十八年前村東頭的孩子。而今，這個名字儼然已是奇蹟的同義詞。榮譽鋪天蓋地的來，而他的回家，真正要找的究竟是什麼？

是錦衣榮歸故里的名聲？還是出人頭地揚名吐氣的快感？

是在往日吃苦的屋簷下憶苦思甜，還是回到最初出發的地方，找到昨日誓言立志的見證？

也許，都不是。

他也許只是想回來，看一看，這片地方，這些人，順便，幫一點，幫一些，在他的能力之內。

費縣，隸屬於山東省臨沂市。地處山東省中南部沂蒙山區腹地，居蒙山之陽、祊河中游，總面積一六六〇．一一平方公里，轄十二個鄉鎮，四百七十五個行政村。

這裡歷史悠久，是唐代傑出書法家顏真卿的故里，境內有大汶口文化遺址、商代文化遺址等一百五十多處，素稱「聖人化行之邦、賢人鐘毓之地」。

如今，這一片水土，迎來了一個回鄉人。

二〇一四年的春節，我回了一次老家，這一次是時隔一年後再回去。

我們的村子叫新埠村。這次回去，主要是看看捐資了十幾萬修建了村裡一條泥濘的鄉間小路，建了一座橋。新建的橋，他們都說用我名字，我說不可以不可以，後來商量就用了思埠橋這個名字。鄉親們也是一個很淳樸的表達吧。

這次回去還給當地老人發了一些東西，有麵條、火腿腸等，給他們每人發了二百元錢。村子現在有六百多人，六十歲以上的老人有一百四十多人。

去看了我當年的學校，和小時候常去的教堂。

在我以前上過課的一個教室裡，給當地的學生們作了一個演講。

我這次回來，跟村長說第一不要放鞭炮，第二不要拉橫幅，第三不要見當地政府領導，第四發放的時候我不會在現場，第五不要告訴別人是我發的。說是共產黨發的。

但當我回家一到現場，都是領導、媒體。第二天去臨沂，也沒接受媒體採訪，但他們用了一些資料，就把這個也見報了。這真是十年練劍無人問，一朝成名天下知。

其實，是村外深山有點知。

我不需要名也不需要利。我修了那條路已經很長時間了，但一直沒有跟誰說要什麼宣傳，我不求這些。

這次回去也叫來了當年的朋友、親戚和當年的老師來聚，覺得他們都變了模樣。

當年家窮，沒人看得起。如今才感慨，如果你得不到別人的尊重，那證明你還不夠強大。

在我的老家房間，門後面有一段話，是我二〇〇三年的自勉：這輩子一定要有所作為，人活著要有尊嚴，做人上人，我會為此奮鬥。

這次我回去，在後面再寫上看十多年後的回應：二〇一五年一月二十日，我又一次回到這裡，夢開始的地方。

十七歲的自勉，字還在門上。

其實以前是因為窮怕了，怕被人瞧不起。被人嘲笑，譏笑。心裡很自卑，沒有朋友，和村裡的小夥伴都玩不到一起去。小時候我覺得所有人都在排斥我，因為家裡太窮了。去人家家裡看電視人家也不讓你進，因為你穿得太差，長得也醜。這十年人家看我的照片，覺得我的樣子逐漸在變化，變得很溫和。其實是因為心態變了。

現在是四平八穩，不會為很多事情激動，無論見到什麼場面，多大的事情，我都不會有太多的激動。可能這就是傳說中的寵辱不驚吧。

他們教曉我的

八十歲的爺爺第一次出遠門。作為新中國開國以來的第一批村支書，他也許沒想到自己會有機會來到北京天安門——那個對他而言，是多麼多麼神聖的所在，就像他沒想到自己的這個小孫

↑ 吳召國給家鄉的學子演講

子，有朝一日會這樣有出息。

八〇後，是一直親眼見證著當代中國在改革開放後日漸發展崛起並與之一同成長的特殊的新一代，在這個大背景下，也意味著他們當中有部分人，在少年時期都面臨著父母一方或者雙方都不在家裡、出外打工的境地。

吳召國即是其中一員。在他的童年和少年時期，父親是家裡最早走出去打工的人，其後是母親、姐姐。

打工浪潮在那個年代對一個家庭的影響，縱然千言萬語莫能細說。

因為人隔兩地而帶來情感上的牽掛、等待、想念；因為獨留家中而需要一人雙肩拖家帶兒的艱辛。

還有就是，外面飄蕩的父輩回來了，帶回了一些外面世界的精彩，留給那些在打工家族中成長起來的孩子們。

生活的腳步太匆匆，父母長輩甚至沒有時間教導他們一些做人的道理。但是，有時越是無言的生活，越能在幼小的心靈裡留下最為樸素、最為堅定的價值觀。

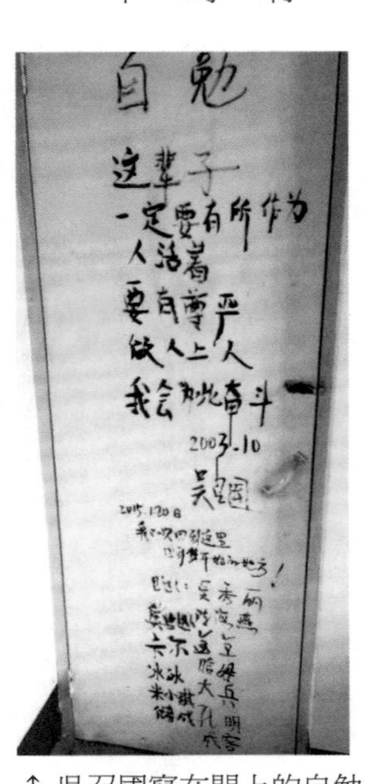

↑ 吳召國寫在門上的自勉

這次回家，我將我的爺爺、爸爸媽媽、二叔三叔姨父等家人都接來了北京。昨天帶爺爺去參觀天安門升國旗，老頭子激動得不行。八十歲的老人了，第一次出遠門。

我爺爺是新中國開國以來第一批的村支書（村黨支部書記），我覺得他代表了最純、最真的共產黨員。他做村支書的時候，村裡有什麼好的開發的機會，都讓給了別人，都不給自己家。所以，那時候我們家是村子裡最窮的。

我們的家族在村裡是最小的。我爺爺那一代，就他自己一個人，有個妹妹遠嫁了，所以等於村裡這一脈就只有他一人，屬於小門小戶。我爺爺生了四個兒子一個姑娘。當時，我們家住在村子裡的最東面，現在已成中間了，因為小村子也開發了。村東頭有一條河，在河旁邊的四間草房，就是我的家。那時候家裡沒有一件像樣的電器，也沒有傢俱。我的房間在最東面，和老奶奶一個房間。

那時候特別想爸爸，爸爸在哈爾濱打工。因為當年我們村裡的人，把外面的世界說得很嚇人，說外面的都是壞人，老人、叔叔阿姨都是這麼說，說得不堪想像。搶劫殺人啥的都有。

其實，我爸爸是不甘於在家裡種地，所以跑到哈爾濱，拿著鋸子，走在大街路上，找裝修的活。這樣一天能賺幾十塊錢。

他一年回來一兩次。那時候還沒有電話，要寫信。一個月收到一封信，彙報他的情況。我媽還要回信，說女兒挺好，別擔心，其實我姐那時候有哮喘，情況很不樂觀。

爸爸每次回來都給我們帶來一些外面的東西，玩具、小兒書等，那時候就是通過這些小東西接觸到外面的世界。我爸爸也告訴我，外面的世界很精彩，一定要出去。所以現在村子裡就我走出來了，其他人都還是比較封閉。

我的父母給我的最深影響，是他們對長輩的孝順。這在村子裡都是能看得見的，別人家都是各種大爭小吵，但我們家就算多窮，遇到多困難的情形，媽媽與奶奶都相處得非常好，從沒有過別人家的那些爭吵。二〇一四年，我拍了一個短片叫〈當孝敬父母〉，這是《聖經》裡的句子，也是父母給我的影響。

我的爺爺教會了我做人要真誠，要無私，爸爸讓我知道外面的世界很精彩，而媽媽，則讓她的孝順教會我感恩和本分做人。

差點被淹死後，我學會了游泳

在八〇年代的中國山東，一個小孩子因為貧窮，不能像別人一樣擁有一條小狗，只能把一頭小羊羔拴著，替代別人都有的小狗。就算這樣，他依然玩得很快樂。

沒有玩伴。小羊是他的玩具，也是他的伴。

但孩子終究在差異比較中，漸漸知道了貧窮——這一種既能銷蝕人，也能磨練人的奇怪的東西。

貧窮，曾是刻在他身上的烙印。因為貧窮，他的童年樂趣總是附帶著一絲苦澀；因為貧窮，他曾自卑得無以復加。

↑童年時的家庭合影，前排左一為吳召國

他說，他從小是一個很倔的人。

也許，生活把一個人逼到底線，他要麼就此消沉，要麼就爆發，從心底裡，先把自己堅強。

差點被淹死後，他學會了游泳——

貧窮的孩子，在生活裡，一步一步，走著。

小時候真是窮呀。沒有玩具，也沒啥好吃的。

記得我家在院子裡養豬，一頭老母豬生了十幾個小豬崽，我就看著小豬玩，跑來跑去。

還有就是放羊。那時候特別想買一隻狗，想讓我爸爸給我買一隻狗。因為人家的小孩三四歲就有一條狗，出來玩的時候，那狗就跟在後面，看著好爽。但我家窮，買不起，唯有拿一隻羊，拴住它，當狗。就算是這樣，我也覺得特別好玩，帶給我很多樂趣。那時候我跟著這只小羊跑，學它叫。但是有一次回到家發現它被人家打死了，說它偷吃了別人家的菜。我哭得稀裡啪啦的，我媽過來勸我。

童年時候真沒有太多有趣的故事，因為太窮。夏天不上學在家都是光著腳。我也跑到河裡去游泳，我家前面的河水特別淺，但是不遠處就特別深，我不知道，有一次差點被淹死，被我姐救了上來。那時候是五六歲。差點淹死後，我學會了游泳。

在我三四歲時候，我姐有了哮喘病，不能上學，也不能勞作。那時候沒錢治，沒辦法治，我媽唯有去找了一個「巫婆」。每天早上五點多，我媽就背著我姐，去村最西面的那個赤腳醫生那裡去打針。但是我媽背著我姐是很吃力的，我媽瘦，我姐還胖。我媽背著我姐所以沒法牽我的手，我唯有在後面拉著她的衣角跟著她走。走著走著我就睡著了，因為太睏了。這時候我媽就放下我姐過來抱抱我，哄哄我，然後背上我姐，讓我姐拉著我的小手，一起走。

我記得有一次我們去早了，夜裡三四點我姐就喘得不行了，那時是冬天，去到那裡，那醫生還沒有起床，我們也不好敲門，就找了一個豬圈，在裡面，三個人在一起待著，等著她開門，打針。

我五年級就開始在學校寄宿。那時候學校裡的早餐，一個大米粥兩毛，一根油條兩毛，一個菜就五毛。早餐我買不起菜，也買不起油條。我知道如果大米粥和油條一起吃，會很香。但我就是四毛錢也給不起。真的是太窮。家裡常是滴一點油在青菜，一拌，就這麼吃，其實我小時候特別喜歡吃油條。

學校裡的午餐也是，很多自己想吃的菜都買不起。那時候的豬肉燉土豆，五毛錢一小份，我太想吃了，現在看到仍然很饞。但當年我吃不起。

那時候最奢侈的是週末，回家了，如果口袋裡還剩下一點錢，就去買糖，吃著回家，覺得是最幸福的事。

很多人不相信我曾經那麼苦，但我真的是那麼苦。但我從來沒放棄過，我屬於那種向著目標永不放棄的人。苦難是一個好事情，能磨練人。

讓我快樂一個夏天的人，我記住了他

那個遙遠的小山村，給了他很多很多的東西，有苦楚、自卑，也有真摯、忍耐。一個素不相識的人，曾給予過他一個快樂的夏天。很多年之後，他仍然記得這個人。而他在今天所做的一切，也正是當年那個人所做的。

很多時候，我們會感恩一些雪中送炭的人。因為他們的恩賜彌足珍貴，更因為他們的出現，不經意間已改變了一些人，一些事。他們也許讓一顆落寞的心，不再落寞，而變得懂得去欣賞身邊的周遭。從一個因緣，到另一段因緣。從一個改變，到另一番改變。

就像，二十多年前的他，影響了二十多年前的他。而二十年後的他，也在影響一個個二十年後的他。

小的時候，有一個企業家給過我很大的影響。我那時候正在讀二年級吧，他去我們學校捐贈，他也是這個學校出去的。

這個企業家給當時貧窮的我們帶來了一些禮物。我領到了一個自動的鉛筆盒，而以往我都是用煙盒來裝鉛筆的。那個自動鉛筆盒讓我整個暑假都很開心。這件事對我影響特別深，我從那時候就想著要好好學習，以後要好好幫助別人。這次我回家我跟學校那些小孩子也是這麼說。我要把這種精神傳下去。

現在，讓我最開心的是我們思埠集團在全國各地共有一千多個義工團。二〇一四年四月開始，思埠集團聯合全國各地分公司分別組建了多支義工團，不斷號召社會愛心人士加入思埠愛心公益行；今天，義工團的人數超過了三萬人，他們每天都在全國各地進行慈善活動，實事求是地為思埠的慈善事業做貢獻。

義工團是區域分的，十幾個人這樣一個一個建立起來。義工團的意義在於我們是團聚的力量，只靠自己一個人的力量是做不起的。通過人傳人，人改變人，一點一點去改變。

二〇一四年，思埠愛心團隊（義工團）在全國各地進行送愛心活動，在杭州、義烏、寧波、昆山、溫嶺、雷州、麗江、哈爾濱等地方都進行了獻愛心活動，並持續關注當地弱勢群體的生活。二〇一四年五月十日，我們發起了到貧困的雲南省麗江市河古鎮舉行「愛心助學，走進麗江」的愛心捐助活動，切實地為貧困學生解決了學習與生活上的問題；二〇一四年七月九日，思埠天使團隊第三次走進了山東省泗水縣泗張鎮羅家莊村，不僅為家庭困難戶送去了緊缺的生活物資，還為貧困學生細心準備了書包、鉛筆等學習用品。

二〇一四年八月三日，雲南魯甸地震，我們思埠立即向魯甸地震災區捐獻了一百萬，以幫助緩解災區同胞急缺帳篷、衣物、食物等實際問題。

二〇一四年七月二十日，廣東湛江雷州因遭受強颱風襲擊，損失巨大；事發當天，我們得知此資訊，便立即委託廣州花都區民政局為雷州災區同胞送去二十萬元的援建資金，希望能為災區人民盡一點思埠人的綿薄之力。

我感覺到做好事的快樂，最深印象是二〇一〇年時候，我們去浙江支助一個山區學校裡的孩子。那裡很多孩子都是父母離異的，因為那個地方很窮，村裡的男青年很難娶到老婆，就去雲南娶一個回來，女的生完小孩很多都跑了。我們去那邊給他們一些錢，捐贈一些圖書，一些電腦等。後來我們走的時候，很多父母都過來送行。鄉親們特別淳樸，一個阿姨甚至給我跪下了，其實就是給她家捐了三千塊錢，但這三千塊錢可能是她家一年的收入。我內心裡很感動，覺得自己以後一定要做慈善。就像是突然醒悟了，這種幸福和溫暖，並不關什麼名和利的東西。他們也沒有什麼很華美的話來給你，特別淳樸。

二〇一四年上半年，我們思埠還成立了員工愛心幫扶中心，致力於幫助有困難的經銷商度過生活難關並提供資金資助，這個舉動得到經銷商的一致好評。

有一個叫譚譚的姑娘，年僅二十歲，二〇一三年五月，她的哥哥得了淋巴癌，被無情的病魔奪走了年輕的生命，留下一個不到二歲的女兒，這讓本來就很清貧的農村家庭欠下了很多的債務。為了還清哥哥的債務，譚譚爸爸只能外出打工。可是有時候人生不盡人意，譚譚爸爸在上班的途中突然暈倒，被送往醫院搶救時，確診為腦溢血。醫生告訴譚譚，手術後期的費用非常昂貴，這無疑讓譚譚的家庭雪上加霜。得知情況以後，我們立即發起募捐活動。他那時候比較艱難，連掛號的錢都沒有，我們緊急給他撥了一萬塊錢後，我們又合眾捐了六萬塊錢。可是老天卻不遂人願，譚譚爸爸在住入重病觀察室的第四天，終抵不過病魔的折磨，遺憾地離開了人世。譚譚的父兄都已離開人世，生活的重擔就全留給了二十歲的譚譚。後來我說，我們雖然之前不認識你，但你也是我們的一員，思埠會繼續幫助譚譚家庭，幫助她們度過難關。

我覺得我是一個感性的人，有時候我開會的時候，我就拉一個人去講一講他家的故事。有一個人二十三歲，下半身癱瘓，上半身能動，他母親為了治療他留下了很多債。他感到很絕望。說欠了巨債。我心裡也沒底，巨債究竟是多少錢。我心裡想著幫他還上。我說你欠多少錢，他說欠人家一萬塊錢。我驚訝了，說得那麼悲慘，其實只是一萬元。當時我覺得我們一點點的錢，其實能改變人家的生活很多。我就拿出來一萬塊錢隨即給了他，他哭得一塌糊塗。他心目中的一萬塊，可能等於我們的一百萬、一千萬。

錢散人聚，錢聚會散。我相信是這樣。

現在，很多人有錢了，就想去買車、買房、包二奶，但我事業越大，人越往後，心就越踏實。我沒什麼特別娛樂，很少去酒吧。不喜歡車，也不買房。我喜歡寫一些文章，拍一些微電影。自己寫寫劇本，寫寫歌詞。做這些，主要是在內部員工裡推廣，是我們集團文化的一個打造。我希望告訴我們集團裡的每一個人，助人是快樂的，助人是應該傳承的。

2／求學，我的堅持與妥協

多年以後，吳召國站在人民大會堂五千人的面前，或會想起他走過泥濘村路的那個遙遠的下午，他推著二八式橫樑自行車，從家出發至遠方。

從培根的「知識改變命運」，到中國鄉村房子牆上「不讀書就沒有出路」的手寫標語，知識、文化與人生道路從來就被捆綁在一起，作為相互影響的明證。

對傑出的成就人士，人們尤其願意一探其讀書的究竟——他讀了多少書？讀書如何改變了他的命運？

吳召國，也曾經為了讀書夢，堅持地拼搏著。

他可以在寒風中雙手捧著獎狀走一段很長很長的回家路，只為了不讓獎狀褶皺，只為了向母親表達，他心中的小小自豪。

在他不得不放棄學業，奔波在生存的道路上時，他也會感傷地想起，他的同學，那些被稱為天之驕子的人，正在校園裡花前月下，憧憬著各樣美好。

他也曾單純地認為，讀書是創造他美好未來的唯一出路，在他苦苦報考一所大學而不得，轉而走進人生的風雨中，才明白究竟什麼才是真正的大學。

求學，再不是求哪一所學校，而是求得學識、求得事理。

堅持與妥協著，在人世間求學的路上。

凍僵的小手

八〇年代的中國，天氣還沒有現在這麼暖，無論是北方還是南方。在那個人人相信「知識改變命運」的年代，無數的小孩子背著書包，在晨霧中出發，進入學堂接受教育。

曾幾何時，貼滿一牆的獎狀，是鄰里四方相傳的美談。

而小小的獎狀，則鑲著一個孩子金黃色的夢。

在那時候，生於八〇年代的小孩子都在父母的談話和鼓舞中，知道了大學生是了不起的人才，讀書畢業後可以分配工作，過上美好的人生。

在這樣的背景下，一個個樸素的理想被寫在了作業本上，被藏進了心裡。

二十多年後，吳召國回到了當年就讀的小學，他給小朋友們說了一席話。

他說，他以前也是在這個教室上課的，他也曾是個成績優秀的孩子……

這次回老家，在那個教室裡，我給他們做了一個演講，我現在都還記得我說過的那些話。我說，各位小朋友上午好，剛剛問了老師是用普通話還是我們這裡的話，老師說最好用普通話。所以我現在用普通話來跟你們講一下我的故事。我是來自廣州思埠集團的一個CEO，可能你們現在還不懂是什麼意思，打個比方的話，就是一個公司的班主任。今天我回到這裡，這個教室是我曾經待過的一個教室。今天校長也說了很多我的一些故事，然後你們也知道我是一個企業家。現在你們的生活比我們以前好太多太多了，我看你們現在的午餐那麼豐盛，我們那時的午餐就是吃一點餅喝口涼水。我記得我在這裡讀書的時候成績很好，考了全區第一名，拍照拿著獎狀的時候還凍得流鼻水。那時候我回家還要走好長好長的路，那時候的公路沒有現在這麼發達。現在你們的生活好很多很多了，希望你們要努力學習。你們要走出這個世界才能取得優秀的成就，所以一定要好好學習。當年我也是在這個學校裡受到一位叔叔的影響，他給了我一個鉛筆盒讓我高興了一個夏天。今天我回來也沒有給你們帶來新書包新書籍什麼的，因為我不想做一些很虛的東西，現在你們也不缺這些東西。我就拿出兩萬塊錢出來成立一個獎學金，給你們當中一些成績優秀的孩子和特別窮苦的孩子。

這個演講，講得一些孩子都哭了。我還跟他們一起吃了午飯。

其實，我小時候讀書成績特別好，一直到高中，就跟不上了。

那時候上學，在農村上學。記憶很深的是考了整個區的第一名，發了一個獎狀，特別激動，在上面拿著獎狀要合影。鼻水全流下來了，因為拍照所以不敢擦。然後我要拿著獎狀回家，從學校到家，要走好久。因為怕把獎狀弄皺了，所以不敢折，兩隻手提著獎狀的兩角，就這麼走路回去。

回到家裡手都打不開了，凍僵了，那時候氣溫是零下十幾度。我媽一看見我的手就哭了，說我是傻孩子，但是我心裡特別的自豪。

因為家裡窮，所以也只能刻苦地學習。那時候不知為什麼，就是覺得把書讀好是我們這些窮苦孩子的出路一樣。要有出息，物質上已經不如人，學習上就要贏回來。

↑2014年的年末，吳召國回到他家鄉的小學，與小學生一起吃午餐

小時候挺好強。雖然我不跟人家爭，不跟人家吵，但心裡有很強的自尊心，就是希望人家能肯定我，表揚我，知道我是一個讀書好的孩子。

說著「大話」的小孩

為了把學上，孤單的孩子一個人騎著自行車，走在零下十幾度的路上。

為了掙取一點生活費用，他的腳曾被釘子紮破過。

那個年代，一個孩子需要面對的生活的釘子，該有多少？

但小小年紀的他，就已能從同是窮苦的人們身上，模模糊糊地，看到自己要走的路。他不顧年少，也不理是否輕狂，只是將自己心中所想衝口而出：我要幫你們改變窮苦的生活！

當時，沒有人能接受一個小孩如此大言不慚的「大話」，就像他們根本不明白這個小孩他的倔強。

倔強的小孩，很早就吃著貧窮給他帶來的苦；也很早就以自己還稚嫩的肩膀，挑上命運給他的壓力。

他改變自己、改變身邊人的想法，在那個夏天，那個一邊讀書，一邊出外打零工的夏天裡，慢慢地萌芽。

在我讀五年級的時候，爸爸從哈爾濱回來，在另一個鄉鎮開了一個傢俱廠，所以我五年級起，就開始在離家很遠的學校上學了。

後來，爸爸創業沒有成功，傢俱廠倒閉了，他轉身又回去了哈爾濱打工。而我那時候才十歲，讀初一，在家與學校之間需要騎三十多公里路的自行車。那時候我媽也去哈爾濱打工去了，留下我和我姐，更可悲的是一年後，我姐也去哈爾濱打工去了，留下我一個。就我一個人騎著一輛二八大輪的自行車去上學，腿都不夠長，蹬不著。

然而，困擾我的還不止這一個問題。那時候上學，路上非常的冷，零下十幾度。我沒有多厚的衣服穿，那些衣服都不怎麼保暖。抓車把的雙手最凍。為了上學，我就把一根木柴點燃，拿著烤了一會，還是不行，太冷了。最後不知從哪裡找來了一塊破布裹住雙手，騎上車就走了，就像個乞丐一樣。

記得有一次學校放假了，要回家，可是我的自行車的輪胎壞了，身上還有二毛錢，想修也修不起。如果坐車的話，要四十分鐘，要兩塊錢。找同學借，也沒人能借。當時覺得世界末日來了。後來狠狠心咬咬牙，去一家店裡買了一個饅頭，邊吃邊往回走。走了兩個小時。

那時候一周七天裡有五天在學校，上學這五天，只能給二塊錢的生活費。最窮的時候，為了這二塊錢的生活費，媽媽還要去跟村人借。看哪一家院子的圍牆矮一點，沒有狗，媽媽就跟人家說借兩塊錢。後來也拿家裡自種的小麥去換一些錢。

那時候就是這麼過來的，家裡東扯西拉的，湊夠一點錢，供我去上學。

但是，僅僅靠家裡，是不夠的。所以說窮人的孩子早當家，那時候我完成了中考後，就一個人去了我們縣裡去幹活，去幫人起鐵釘，就是在一些廢棄的木板上，把鐵釘起出來。那時候是和一群大人一起幹活，就我一個小孩子。起出來的釘子，按三塊錢一斤。我就蹲在那裡，不停地做，一開始動作還生疏，但慢慢地就熟悉了。起得很快，一個暑假過去後，我掙了七百多塊錢，也就等於起了二百多斤的釘子。那時候七百塊錢對我一個小孩子來說，已經很滿足了。而且，這是我自己辛苦換來的勞動成果。那時候，旁邊一起起釘的大人都說我是財迷，為了錢就拼命了。但沒人知道其實我那時候的腳都被紮破了。只能去外面包紮了一下，回來繼續做。後來看著傷口一直沒好，又跑去看了一回醫生，那時候醫藥費好像花去了七十多塊錢。

那時候，我與那些大人一起上下班，看著他們很辛苦，我就說我以後一定要開一個大公司，請你們來打工。但他們所有人都嘲笑我，說這小孩真能吹，說我說大話。這件事給我影響也蠻深，因為從小就不服輸，越說我做不到的，我越想證明自己。所以這件事現在說起來仍然歷歷在目。

如今我真的擁有了自己的公司，有很多人在我的公司裡工作，他們與其說是在我這裡打工，不如說是我真的創造了這麼一個平臺，讓每個人都在這裡能找到自己的工作價值，實現自己的夢想。所以說，當年的那些大話，那些大人曾笑話我的，我到今天都實現了。

少年的尊嚴

少年似乎被當年的最後一根稻草壓倒，他甚至與媽媽爭吵了起來。他不再理解，他很痛苦。那時候，一輛自行車其實等同於他當時所有的尊嚴。

在這種爭吵的背後，是他對尊嚴的渴望。他希望，別人能用一種正常的眼光來看待他。他把那種因為得不到尊重的心理落差，都歸咎於那輛老舊的自行車上。

有點小孩子的稚嫩，但也的確是無可奈何。

也許，在這裡，可以套用他十多年後的一句話：當你還在為一些物質形式而糾結的時候，那是因為你心中還沒有富有。

十多年後，很多人都知道他富有了，以為他會每天穿著西裝，系著領帶，出入各種奢侈消費場所。但他真沒有。

時至今日，他仍然是背著個雙肩包就去上班了。他也很少穿正裝、打領帶。

十多年前，為一輛自行車而執拗的少年，如今，有了可以買很多豪車的條件，但他不再為此而執拗了。

初三那年，媽媽對我說，如果我考上縣裡最好的高中，就買一輛新的自行車給我。為了這自行車，我拼了命去學習。

其實那種大的老式自行車也不是不好，只是我們村裡的路總是泥濘不堪，騎著大的自行車就容易摔跤。常

↑右為少年時期的吳召國

常車摔得一身髒，人也一身髒。這種自行車在泥地裡每走兩步，車輪裡就會沾上很多泥，就要就拿個小棍子去戳一下，小的自行車就不用。

而更重要的，也是我最介意的，就是每次推著那部老式自行車來到學校，我心裡就特別的自卑，我總是找一個老遠老遠的地方把車放好，怕人家看到。車髒，人衣服也髒。沒辦法，從小就覺得人家瞧不起我，也沒有什麼夥伴。這種自卑也跟著我來到了學校裡。

那時候的我，衣服看上去永遠都不變，一年四季都是校服，實在是沒有其他的比較像樣的衣服穿。現在說起以前，每一個班裡總有一個人是永遠穿校服的，大家都很有共鳴。其實永遠穿校服的那一個人，就是窮人，穿不起其他的衣服，我就是那一個。

↑費縣一中

所以，當我媽說可以給換一輛新的自行車時，我就拼了。

後來，我終於考上了我們縣裡最好的高中費城一中，但我媽並沒有給我買新的自行車，因為家裡實在是沒有錢。

但那時候我特別不理解，我很痛苦，覺得你答應了的事為何沒有做到？我這麼辛苦，一直在期待，然後忽然說這個美夢要落空了，要破滅了。那時候完全接受不了，就算到今天我也仍然忘不了那種痛。

我與媽媽爭吵了起來。我記得那時候還是在田裡，幹活的時候。與母親吵完架後，我活也不幹了，就從田裡回來，回家去。

我記得我走回去的那條路特別的泥濘，中間還要經過一條小河。那時候我在想，如果這地方有個橋就好了。

回到家，想了想，無可奈何，依然騎著我那輛二八式大自行車去上學了。

現在回頭想想這件事，也確實蠻可笑，但是當時真的覺得是刻骨銘心的一種痛，也可能是一直以來自己壓抑得太多太久了。

十多年後，那條河那裡果然多了一座橋。就是我這一次回鄉建的，名就叫思埠橋。

我的大學

他非常坦承地解釋，自己為什麼沒有上大學。

他從一個為了一張獎狀而自豪的孩子，到一個與大人一同打工賺取生活費的小孩，到因為一輛自行車而追求尊嚴的少年，再到一個高中生——一個碰上了電腦互聯網時代的高中生。

二〇〇〇年，一個新世紀的來臨。也是在那幾年，互聯網在中國的青少年中，就像一張張巨大的蜘蛛網，網住了萬萬千千雙眼睛。

像大多數八〇後一樣，他也經歷了沉迷網路的日子。

當然，沒有考上大學的原因並不止這一個。

他帶著上大學的夢想在路上，但不想，路上的輾轉與曲折卻成了他最終的大學。

在大學夢想縈繞和煎熬的那幾年，他努力過，也放棄過。

之後的路上，他受過欺騙，也曾對別人哄騙，經歷了一些選擇與妥協，在各種反省沉思之後，他明白了，什麼才是真正的大學。

上高二的時候，我選了美術班。因為我從小就有畫畫的愛好。小時候，周圍的男孩子都是喜歡摸鳥蛋、下河捉魚等，我從沒去爬過樹，從小就喜歡和小女孩跳跳繩，反而跳繩子比一般的小女孩還優秀。從小玩得和別人不太一樣。

我覺得我畫畫挺好的。但我是我們班很少沒考上大學的人之一。因為那時候，一是沉迷網吧，二是家裡給的錢不夠。美術特長生高考時要到全國各地去考專業課，我家沒有錢，別人都花幾萬塊錢出去考，我爸只給了我幾千塊。我最後報了兩個學校，一個是中央美院，沒有考上。一個是中央民族大學，專業線過了，但文化課成績不夠。

沒考上，特別的悲劇，本來是指望考大學改變自己的命運，結果沒考上，也不敢告訴父母。

那時候老師同學都看我不起，都給我臉色看，很鄙視我，自己心裡很不舒服。

後來沒辦法，就告訴自己父母，考上大學了，考上什麼大學呢？是西北大學，其實是和幾個自考生到西安那邊一起去自考。

家裡就給了我幾千塊錢當學費。我跑到西安去，交了學費，才知道是騙人的。去到那邊，在邊家村租了一個單間，入學三個月考了第一次試，馬列考了四十六分，鄧論考了六十四分，老師說要考過二十四科才能拿到本科證書。我用了半年才考過一門，心裡就想著這樣考何時才能拿到畢業證？所以只能放棄了自考，不讀了。

這時候又必須去掙錢，因為沒生活費了。剛開始的時候，我開過話吧，就是供人打電話的，兩毛錢一分鐘。在KTV裡做過服務員，幹了幾天就不幹了，覺得那個地方不適合我。

又去找工作。去應聘經理助理，很可笑，當時十六七歲的年紀，穿得也差，營養又不良，沒有精神。那時候是通過西安一仲介介紹的，去了，填表，面試。應聘的職位是經理助理。

經理助理一個月工資是八百，想著做個十個月就八千了，很興奮。但是對方要求要有社會實踐，怎麼實踐呢，就是買他的產品出去推銷。半個月內可以賣出去的就可以回來當經理助理。

我當時把自己身上僅有的兩百塊錢全掏了出來，買了他的洗面乳、洗髮水等。結果拿出去賣，根本就沒人買，全是劣質產品。那是二〇〇三年，就是這樣被仲介騙了錢。回去找他退貨，還被人打了一頓，也不敢報警。

後來我在幾個老鄉的鼓勵下，在西安鐘樓小學裡面租了一個教室，成立一個「大學生創業俱樂部」，說白了就是一黑仲介，主要對象是剛到西安上學的大一新生，交三十塊錢即可介紹工作。其實，工作來源都是招聘報紙上找來的。

幹了一個月，賺了幾百塊錢，後來被工商查封了。自己也覺得這些東西是騙人的，不會長久，心裡面也過不去。二〇〇四年，我嘗試著把費縣的工藝品轉移到西安去販賣，擺攤，推銷。後來還賣過牙膏、生活用品，什麼都幹過，也都是不成功。

那時候我找工作屢戰屢敗，屢敗屢戰。記得很清楚，當時辦了個假證，花了一百塊錢，辦大了，說是西安交大畢業的。去應聘的時候，人家問什麼專業？我答行銷專業。人家問行銷是幹嘛的？我憋了半天，說行銷就是買東西和賣東西。人家說走走走，你這純蒙的，根本就沒上過大學。

那時候我十九歲，第一次覺得心虛。

後來我就覺得，我確實需要充實自己，就擠出時間來看行銷書籍。去買書，沒錢，怎麼辦？去圖書館借書。借了一本書叫《行銷人的一〇一個法則》，很厚。三十多塊錢好像，買不起，就租出來，好像是給了押金就免費租的，拿回來自己就手抄。

用了一天一夜的時間，沒睡覺，把全書都抄下來了。抄完了就開始背。我記得很清楚，書上面說如果這世界有一個工作能改變你的命運，那就是行銷，因為做行銷可以磨練一個人。每一個成功的企業家都是從行銷開始的。從那時候起，我心裡面就堅定一個信念，一定要做行銷。

書裡還說，如果萬萬不得已，一定不要換工作，不要換行業。只要你努力地去幹那一行，專注，你一定會取得成功。這些都對我後來產生了很大的影響。

後來我再去應聘，人家問我什麼學歷，我就很自信地說我是高中畢業，但是我有非常豐富的行銷經歷和知識。然後我在面試的人面前，將行銷說得頭頭是道。人家也不用看我的學歷，就已相信我對行銷是非常專業了。

所以，我是沒有上過大學的。也可以說上過，社會大學。

↑他用了一天一夜的時間抄完了一本書

3／輾轉，我走過的城市

放下書本，他走進了社會。

村人對山外世界的荒誕描述言猶在耳，他靠著一人雙肩，走進了這風霜雪雨夾雜的路途。

他曾失敗，也曾在一時成功的飄然中迷失了自己。

在每一個人生的節點，總有那麼一首歌讓他感懷不已；在每一個他曾踏足的城市，總會遇到那麼一些人，在他的人生之旅中，留下各種各樣的印記。

他曾穿著厚重的衣服，站在城市的街頭，看著人來人往，心裡自問：人們都在忙什麼呢？誰會注意到我這樣一個人來到了這裡？

他也曾在某個城市的租房陽臺前，看著遠去的火車，對身邊的人說自己的目標與理想。

從費城，到西安，到哈爾濱，到北京，再到廣州。這是他輾轉過的城市的簡單線路，就像在劃一個十字。

輾轉的城市，走過的心路。他用了多少的氣力，來走這一屬於自己人生的十字？

而今，談笑風生中，悠然回首，每一城的故事，都有誰誰誰？

哈爾濱的傷心

從西安到哈爾濱，兩千多公里。

二〇〇五年，吳召國踏上一輛綠皮火車，從西安開往哈爾濱。

綠皮車，曾是中國鐵路客運的主力，深綠色的車身，低廉的票價，簡陋的車廂設備，在夏天是「悶罐」，冬天則是「冰箱」，但儘管如此，在那個年代，也深得農民、農民工朋友們的歡迎。

在農民工擠滿的車廂中，年輕人吳召國背著他的

↑吳召國（右一）與朋友在西安

吉他和夢想，隨著火車一路北上。

哈爾濱，這個他從小就已聽過的城市，終於有機會來一睹她的風采了。

但想不到的是，哈爾濱的冰雕美得亮了他的眼睛，現實的窘迫也殘酷得刺痛了他的眼睛。

這是他打工生涯的第一站。在這裡，他走進了一個行業，從此路途百轉千回，但卻從未轉身離去。

二〇〇四年，爸爸給我打電話，他也終於意識到我沒考上大學，是騙人的。在電話裡，他叫我過去哈爾濱賣手機，說一個月能賺一千五百塊錢。

當時我聽完電話後，很興奮。就和我的朋友一起，從西安出發，坐著綠皮火車，背著一把吉他拿著一個籃球一床被子就出發了，往哈爾濱去。

在硬板上坐了七十多個小時，三天二夜。

到了哈爾濱一出來，一下火車，外面溫度零下三十多度，我已經累得起不來了，腿都麻了。

坐公車回去父母所住的地方，一路看到很多冰雕，特別的漂亮。心裡面也特別高興，覺得我的春天終於來了。

但是現實是殘酷的。我們的車七拐八拐、左拐右拐地，終於拐到了我父母租住的房子，當時我就崩潰了。那裡大概十平方米，放著兩個架子床。沒有廁所，在走道裡面做飯。亂七八糟，每走一步都要看一看，太亂太多東西。

我絕望了，我有過心理準備，知道條件不會很好，但我真沒想到條件會這麼差。沒有廁所，大冬天的要往外面跑，這簡直就不是我想要的生活。

更重要的，是我爸跟我說的賣手機的工作根本就不存在，本來就是我爸為了讓我過去哈爾濱而騙我的。

這樣的雙重打擊下，當時的我像個死人一樣躺在床上，沒有一點鬥志。

家人看我這樣，都為我著急。後來我姐夫說，你去賣油漆去吧。因為他幫人裝修，可以順便讓我去推銷一下油漆。這等於是靠了一點他的關係，但是別人也不一定買。而且，賣油漆的話，也就幾百塊錢一個月，根本養活不了我自己。做了三個多月，我只有放棄了賣油漆的工作。

去找其他工作，應聘了三十多家公司，都被拒絕。沒有學歷，沒有外表，什麼都沒有，那時候也覺得自己是廢人一個。

後來碰到一個老闆，開著一輛賓士，車牌號碼是好幾個8。我那時候特別崇拜他，覺得他是神一樣。他給我們培訓，去幫人家推銷產品。

但是那時候，畢竟剛踏入工作。懶，心裡也不願意跟人家交流。那時候最喜歡的就是去人家家門口敲門去推銷，而人家不在家，敲了五家都沒人，我這一天就輕鬆了，因為老闆說一個上午要去跑五家。回到公司，還要跟老闆吹牛，說今天有多麼多麼好。那時候十八歲。

我經常想起高中同學們，現在都在上大學，他們都是天之驕子，在漂亮的大學校園裡漫步，花前月下，卿卿我我，而我呢？背著一個破包，挨家挨戶的敲門去推銷，每當想起這些，內心酸楚，不知自己的未來在何方。

後來遇到一個新成立的公司，老闆貸款新成立的公司，在一個只有一個辦公桌、兩張美容床的狹小房屋裡招聘人。這個公司那時候根本招不到人，而我正好沒人要，於是就留下來了。於是，我正式進入了化妝品行業，那時候是二〇〇五年一月分。

現在回顧二〇〇五年的哈爾濱，原以為哈爾濱會給我希望，但是又讓我徹底失望了一回。後來兜兜轉轉，走進化妝品行業，人才慢慢地定性下來，越做越覺得這一行適合我。所以，人生有時候真的很奇怪，往往當你覺得沒有路的時候，另一條路已經在偷偷地蔓延開來。也是《聖經》上說的，上帝關了一扇門，也必會為你打開一扇窗。

用腳丈量膠東半島

根本停不下來的，是他的腳步。在那些日子，只要人家一打開門，他就馬上衝上去，帶著他無盡的工作的熱情……

他早已不是哈爾濱那個躺在床上毫無鬥志的自己，他的人生，隨著業務的開展，也開始變得豐富。

他與身邊的人的故事，也開始慢慢地在豐富。有的人已經成為過去式；有的人，他打定了主意以後要攜手相依。

那些幫助過他的人，他在多年後仍然心存感激。

那些聽過的歌，他在今天依然在懷念著。

年輕人，在用腳丈量膠東半島，也在跋涉著自己的這一段旅途——從青澀到成熟的銳變。

二〇〇五年的春節，公司派我去青島配合山東代理商開發山東市場。春節之後我就離開哈爾濱，踏上了南下的列車，中間需要在北京轉車。

這是我第一次到北京。那時候東北還是很冷，而北京已經是春暖花開，我穿著大棉褲子、大棉襖、戴著帽子，到了北京，走出火車站，圍顧四周，覺得別人都用詫異的眼光看著我，因為穿得太厚了。

但其實茫茫人流，沒有誰會多留意這個土小子。那時候就在想，這個城市誰會看我一眼？誰會記得我？每個人都在走來走去，都在忙什麼呢？有沒人留意一下我呢？

心裡很自卑，看見什麼都不敢開口說話。其他人都穿著短袖，很時髦，騎著單車。我不會坐公車，也不會坐地鐵，唯有徒步去找小旅館。

後來轉到一個社區，找了一個地下室，住了一個晚上。沒有床，就一個墊在地上，周圍都是發潮的。住下來，把厚衣服都脫了。出去找個地方吃了個麵。心裡面想，有一天，我一定要征服這個城市。

第二天早上起來，去天安門看了一下，路上花了兩塊錢買了一瓶水。

回頭就轉車去了青島。

那時候公司有十幾個人在跑業務。剛開始在那裡，我沒有朋友。那個企業的老闆，姓陳，陳阿姨，對我挺好，看我穿了一身舊衣服，給我買了一套以純（中國的服飾品牌）的衣服，因為她家是開以純專賣店的。印象很深刻，八十多塊錢的一條褲子，我覺得是天價了，買了一雙鞋一百多，上衣也買了，全身行頭差不多三百多塊錢。特別感謝她。

小半年之後，因為經營不好，原來的十幾個人全部離職了，公司只剩下我一個人，我的人生職業信條是，不到萬不得已不換公司，不到萬萬不得已不換行業。所以那時候都是我自己一個人一直在苦苦的堅持，既是業務，也是售後，還監管財務、庫管……這段時間我學會了很多，為我今後獨立做公司打下了堅實的基礎。

我像上了鏈條的鐘一樣，日夜為工作。

這一年發生了一個不得不提的大事，和我相戀三年的女朋友離我而去，一句話，忙於工作忘記了她的存在，現在仍然覺得對不起她。前兩天看《非誠勿擾》有個小夥情況和我差不多，在自己最窮的時候她一直陪在身邊，在生活馬上要有起色的時候她卻離去。剛分手那段時間真的痛苦無比，三天三夜滴水未進……

但是，生活還要繼續，我唯有把所有的精力都投入到工作當中去。那段時間我最大的投資就是皮鞋，因為跑業務幾乎每個月都要穿壞一至兩雙鞋。

第一次跑客戶時，人家問我推銷的什麼產品，功效類還是保養類？剛入行的我被問得一時語塞。對方一臉鄙夷地罵道：「這都不知道！滾！」

最艱難的時候，接近四十度的氣溫，我領帶筆挺的挨家挨戶拜訪客戶，無數次被辱出來。

記得有一次，自己實在是太累了，有點要洩氣的感覺了。又一次被人拒絕出來後，我找了個牆角蹲下來，吸上兩根煙，三塊錢的煙。心裡想：回去吧？不行。不回去呢，也不知怎麼走下去了。

就打開手機，手機裡響起了許巍的音樂：

你站在這繁華的街上
找不到你該去的方向
你站在這繁華的街上
感覺到從來沒有的慌張……
你曾擁有一些英雄的夢想
好象黑夜裡面溫暖的燈光
怎能沒有了希望的力量
只能夠挺胸勇往直前……

那時候聽到這首歌，眼淚一下子要流出來了，自己覺得很有共鳴。我明白了理想在現實面前是很脆弱的。

↑創業時期的吳召國

那些日子，完全是靠著許巍的音樂來度過。

唯有告訴自己加油，站起來繼續找下一個目標。

最熱的時候曾經一天中暑二次，每次醒過來用涼水洗洗臉繼續跑下去。

不到一年的時間裡，整個膠東半島我用腳完全丈量了一遍。別人是九點出來跑業務，下午五點就回去了。而我不一樣，我是早上五點鐘就起來跑業務，一直跑到晚上十一點。我做了地圖，把整個縣城的美容院都找了出來，哪怕有些店是開在很偏僻的地方。八點半，只要人家一開門，我立馬衝進去，完了就去下一家。因為我心中有地圖，所以我的業務比人家好很多。我是其他人十倍以上的業績。這樣的生活持續了半年。

後來我要走了，陳阿姨很感謝我，因為我確實是用了很多的心力來做這個工作。而我要走，是由於山東辦事處面臨撤銷，哈爾濱公司總部極力邀請我去廠家做區域經理，負責管理山東。給我配了兵馬，在濟南成立了分公司，我每個月回哈爾濱公司彙報工作一趟。

黑龍江風波

他第一次爬到了人生中比較高的位置，但是，並沒有堅持多久，他就跌下來了。

在黑龍江，他發生了「人生的第一件大事」。在人心險惡的江湖中，他第一次嘗到了被出賣的滋味。

這一跤，摔得不輕。

多年以後，回憶起這一黑龍江風波，他仍然激動難奈。

他珍惜那個年代，陪伴他度過難關的人。

但他也感謝，那個曾經「陰」了他狠狠一回的人。

往事已過去，誰還在記恨誰，真正放不下的，都是還活在從前得失算計、恩怨情仇裡的可憐蟲。真正的成熟，是事過去，人過去，記住那段日子的意義。

由於山東市場營運的很棒，公司決定把山東市場交給代理商操作，把我調到黑龍江市場開展業務。

三個月的時間，黑龍江市場也被我運作得風生水起。

這個時候我的心態發生了變化，以至於我無法調整，那年，我剛剛二十歲，是公司最早的創業元老，拿著A級工資，和身邊一群大自己十餘歲的同事共事，老總也經常誇獎我說，小吳，你今年才二十歲就這麼厲害，等你三十歲的時候你能成精了。我在一片讚揚聲中慢慢的飄了起來，無法落地。

二〇〇六年山東代理商召開美博會，我作為主管山東的經理到濟南支援工作，在代理商的糖衣炮彈攻擊之下，我口無遮攔說了很多狂妄的話語以及透漏了不少公司的機密，山東代理商將全部聊天記錄全部錄音，並轉交給哈爾濱公司老總。

當時特別痛恨山東代理商，但是現在回想一下，真的要特別感謝他，讓我早早的知道並親身經歷商場上陰險黑暗的一面。

全公司所有人開會，老總現場播放錄音，我的身後站了幾個小混混，對我進行了肉體上以及精神上的折磨，所有人都唾棄我，說我是「賣國賊」。

在要胳膊還是要錢的威逼利誘下，我簽署了放棄公司五千元獎金以及欠公司三萬塊錢的一紙協議。

他們還要求我離開化妝品行業，我知道，公司最怕的就是我還在這個行業做下去，因為公司知道我的能力，只要有人給我投資，我會起來的很快。

而女友也受我的連累，被迫一起離開了這家企業，我們拎著行李在別人鄙夷的目光中，手牽著手走出了公司大門。那時，我頭腦裡一片空白，只是下意識的握緊了她的手！

這件事對我的打擊無比的巨大，整整一個月，我躺在床上不想吃不想喝，想起自己取得了一個這麼好的成績，現在卻一下子變得一無所有。

那時候只有她天天陪在我的身邊，我們沒有電視機，每天依靠一個小小的收音機度過了那段最難的日子。

但那段日子也是我們人生中最為幸福，最真實最值得記憶留戀的生活。以至於後來每次聽到汪峰的《春天裡》，心裡都特感慨。

沉寂了一個月之後，我決定回到山東化妝品行業重新起航，我勸她回鶴崗考公務員，因為我無法給她任何承諾，看不到任何未來。

要分別前的那些日子，我們心裡都萬念俱灰，我們只是在一起呆了短短的三個月而已，現在就要分開，根本不知道各自的前途如何，不知道是否還能在一起……

現在回想起來二〇〇六年那段時間，內心仍然無法抑制激動的心情……

濟南，信誓旦旦

一無所有之後，在濟南，他再一次崛起。

然而，天欲降大任於斯人，必先苦其心志，勞其筋骨。他又再一次變得一無所有，命運似乎有意在考驗這個從小就倔強的男人。

兩次創業，兩次失敗。不變的是，他仍然「習慣」於在每一次的失敗之後，都立下一個志，許下一個誓言，有時是給身邊的人，有時是給自己。

那一刻，面對身旁的人生伴侶，他許下了一個男人的誓言。

他身上的不服輸與堅韌，在經歷了一次又一次的風霜之後，越來越明顯。歲月給了他磨難，他卻把磨難放在自己的肩上，讓自己的肩膀更加的有力。

回到山東化妝品行業的第一站是煙臺。那是一個新成立的公司，我到了煙臺之後短短一個月做了他們二個業務員三個月的業績。

但是由於公司的格局問題，二個月之後我決定不再跟隨這個老闆。後來這個老闆有一次酒後說，如果當初能留住小吳，公司現在年營業額早就突破一千萬了。

在我一個朋友的一再邀請下，我決定和他在濟南成立公司代理品牌，於是，在二〇〇七年四月十七日，我們每人投資七千塊錢，在位於濟南天橋東一所民宅裡的公司就誕生了。

公司前三個月一直沒有利潤，最艱難的時候我們甚至都沒有錢去接貨，為了省二十幾塊錢的計程車費用，我一個人扛著兩箱貨哀求了好幾位公交司機才讓我上車……

直到二〇〇七年七月分，一場招商會打破了僵局，公司慢慢的走上了正軌，公司也由民宅搬遷到長途汽車站對面的社區裡去。

二〇〇八年初，一個叫司徒劉旭的年輕人前來公司面試，他長得特別的帥，我決定留用這個年輕人，但我的合夥人對於化妝品行業啟用男士持反對意見，因為這個行業的服務對象都是女士。但是我對此有自己的想法，整個山東化妝品行業沒有一個男士老師，我要包裝男士老師，讓他成為這個行業的NO.1。自己的公司才能出類拔萃，才能異於其他人。

在經歷了無數次失敗之後，司徒在慢慢的成長，慢慢的在全省的知名度達到前列。

後來，我堅持註冊自己的商標，這樣以後品牌做紅了不會受制於人，而另一位合夥人則堅持使用別人的品牌，由於經營理念的不同，更多的是合作的生意真的不好做，在公司前期不賺錢的時候大家會很團結，一旦公司開始賺錢的時候很多矛盾就掩蓋不住了，我和他面臨到了必須要分開的局面。

其實，他在私底下做了不少不利於我的事情。於是，在經過深思熟慮之後，我決定把公司留給他。公司就像我的孩子，就像我的兄弟，我培養他成長，我陪伴他成熟，我希望他一直健康持續的發展下去。但我有自己的理想與目標，我願意為他放棄牽絆，即使這個牽絆是我的所有。

這個時候我又一無所有了，唯一的七萬元存款交了房款首付，我騎著摩托車帶著女朋友去售樓中心找房產經理諮詢退房的事，我告訴經理現在需要錢，這七萬塊錢可以救命。

在離開售樓處的時候，女朋友趴在我的後背上淚流滿面，因為這個房子從第一層開始建的時候我們就天天晚上去看，一層層的數著，在規劃自己以後的生活，終於建到我們家樓層的時候，我們卻要捨棄它，我用手摟住她，告訴她寶貝別哭，以後一定會給你最好的房子，大大的房子……

晚上，在我租住的房子裡，我們坐在面向火車道的陽臺上，信誓旦旦的對司徒和她說，二〇〇九年，我們必須賺一百萬，我們必須要有車，有房……

北京——廣州，奮鬥的腳步

他又再一次回到北京。

與當年北京一夜裡獨自徘徊的年輕人不同的是，如今他帶著他的夢想回到這片土地。他奮鬥的腳步，在這裡一步、一步邁開來。

到這一步，他已經算是比較成功的人了。

但他不止一次跟身邊的人說過他的兩個夢想，一是改變自己，二是改變他人。

在他還是一個初中生的時候，他類似的話曾對那些與他一起起釘子的工人們說過：以後我要開一個工廠，把你們都請來打工。

那是一個少年對一個夢想的雛形詮釋。

心在，舞臺就在；心有多大，舞臺就有多大。

他的夢裡，全中國都是他的舞臺。因為他要讓最多最多的人，在他這裡，找到自己夢想製造的工廠。

從起釘子而引發的工廠思維，成就了今天的夢工廠戰略。

二〇〇九年，我們三人去了北京，在前門附近的地下室旅館裡面住了下來，開始謀劃我們偉大的二〇〇九年！

二〇〇九年，一些小夥伴的加入，我的事業迅速的發展，整個二〇〇九年，是我業務史上最輝煌的一年，談客戶的成交率一直維持在九十五%。六月分買了我的第一輛汽車，公司也搬進了翡翠郡社區，整個市場遍地開花。

豪。

那一年，我三次南下廣州，在廣州佳萊認識了改變我發展軌道的重要人物——崔文

二〇〇九年十一月分，崔總找到我，問我二〇一〇年願不願意去廣州發展事業。這彷彿一下子擊中了我的內心深處。因為我一直覺得，企業做大做強，必須要到京滬廣當中的城市之一去。

我不願局限于山東，我想我在山東只能是個小公司。但是，當時所有的人都不支持我這個決定，因為我的公司本身在山東已經很賺錢了，每個月都可以保持十幾萬的純利潤。而移師廣州，畢竟是一個未知數。

在一片反對聲中，唯有我太太支持我，她說去做你願意做的吧，哪怕賠了至少你不會感到遺憾。錢什麼時候都可以賺，但是機會卻不是什麼時候都有。雖然現在沒多少錢，但是已經具備了賺大錢的能力。只要願意，能力隨時都可以轉化為錢。

她知道我心中有這樣一個夢想。

二〇一〇年，我受邀正式轉戰廣州，做歐蒂芙品牌全國總代理，並代為管理歐蒂芙，這是一條全新的道路，這正是我的目標——擁有自己的工廠，做自己的品牌，成為中國真正的NO.1。

就這樣，二〇〇九年十二月二十四日，也就是我的婚禮結束十二天之後，我們廣州公司（廣州眾美）的第一場招商會在廣州花都區君悦大酒店召開了……

三人為眾，聚天下之美。這便是眾美的由來。三足鼎立的局面，三個老總一個負責開發管道，一個負責公司營運，一個負責資金運作，憑著在化妝品行業多年的經驗，每天都進行腦力激盪，將各自的思維發散，制定一個接一個的方案在市場上試行運作並不斷歸納總結再提升，齊心協力的打拼，使品牌在全國各大知名美容院有了舉足輕重的地位。

每週來自各地的訂單不計其數，工廠生產線熱火朝天，眾美的事業蒸蒸日上，招商會召開的次數也越來越頻繁。

二〇一〇年三月分，廣州美博會。

二〇一〇年四月分，山東泰山招商會。

二〇一〇年五月分，湖南長沙招商會。

二〇一〇年九月分，廣州招商會。

二〇一〇年十二月分，浙江杭州招商會。

整個二〇一〇年是忙碌的一年，充實的一年，這一年我們的業績突破了千萬。

這一年使我真正的成長到了一個人生高度。這一年有辛酸更有快樂……

在激動的同時，我們也沒忘記回饋社會的支持，於是，新的想法出來了，我們決定邀請明星舉辦以讓貧困山區的孩子們可以多讀上一本書為主題的公益演唱會，鼓勵更多人參與到關心孩子們的教育問題上來。這些舉動，也受到了各界愛心人士的廣泛關注和支持，也使「眾美」這個名字的含義得到了昇華。

隨著公司漸入佳境，眾美線下管道已經做到了如日中天的局面，我想到了線上市場的發展。當時淘寶市場上的豐胸產品太混亂了，擁有正規廠家，特殊化妝品認證的豐胸產品，更是寥寥無幾，而這，恰恰是歐蒂芙走上豐胸市場再好不過的外部環境了。

二〇一二年四月二十六日，眾美淘寶店鋪應運而生。

就這樣一邊學習一邊等待了四十四天，終於等來了第一位顧客，成功的賣出了第一單，激動的心情完全蓋過了所有的喜悅。

為了經營好淘寶店，我花費了大量的時間和精力去研究。我的店用了三個月的時間做到了淘寶相同類目的第一名。這是一個奇蹟。因為我把淘寶的所有規則都讀懂了，也把顧客的心理弄懂了。我們做的是豐胸產品，那麼這些顧客肯定是有心靈上的需求，要麼自己不滿意，要麼伴侶不滿意，在心理上是有需求的。我要顧及好這些心理，每一個溝通，每一次留言評價，用什麼樣的語氣，什麼樣的措辭，用什麼樣的標點符號，都好好研究過。其實，網上買東西，不見面跟見面都是一樣的。都要注意到客人的心理。

那時候，幾乎每天都有一千個人來我的網店裡流覽。我在上面公告，凡是想跟老闆私聊交流的，都可以加我的微信號，這樣的我的微信上有了越來越多的人。所以我常笑說，思埠的第一批供銷商全是在天貓買豐胸產品認識的。

為了成為電子商務裡豐胸行業的NO.1，我開始了把美容按摩師帶回家的經營理念，聘請了專業的中醫師，營養師，以及一直從事豐胸美容行業的理療師，培養專業的客服人員，立志解決所有顧客豐胸美容營養方面的問題，為每一位顧客量身打造屬於他們自己的豐胸方案。

隨著品牌的發展，一個淘寶店似乎已經不能滿足需求了。二〇一三年三月，揭示著新高度的歐蒂芙旗艦店在萬眾期待中意氣風發的誕生了，整個公司的熱情空前高漲。

在短短幾個月的時間裡，各種各樣的推廣方式全面啟動，店鋪流量顯著提高。與此同時，歐蒂芙代理商招募也在如火如荼的進行，我們迅速在全國各地吸引了幾十個代理商。歐蒂芙在全國的市場佔有份額已由當初的星星之火發展出了燎原之勢。顧客由最開始一瓶瓶的購買到後來十幾瓶二十幾瓶甚至三十多瓶一次性購買已經成了常態，需要豐胸需要胸部保養的姐妹們已然把歐蒂芙家族當作情感客棧。

在經歷了不到半年的時間，歐蒂芙已成長為六十多人的小企業。新的飛躍是從認識嗨淘網開始。二〇一三年六月底，僅僅是和嗨淘網buyer一個電話的溝通後，第二天我飛往長沙，展開了緊鑼密鼓的洽談。

一切都比想像中要順利的多，一個星期之內，歐蒂芙美乳精華液單品便成功入駐嗨淘網，並成功錄製嗨淘網與湖南衛視聯手打造的節目《越淘越開心》，我親自參與編導和導演的工作。

雖然歐蒂芙在節目中只有短短幾分鐘的時間，但由於呈現出來的效果非常好，節目播出當晚瞬間引起了巨大的關注和轟動，巨大的流量讓客服沸騰了，根本忙不過來，當天，歐蒂芙美乳精華液的銷量在全網達到了過百萬的銷量，讓所有關注這個品牌成長的人都刮目相看。

這樣，歐蒂芙重新聚集人氣，全新開發了十餘個系列單品，並多次接到湖南衛視節目錄製的邀請，每一個產品的節目錄製都非常的成功，與湖南衛視及嗨淘網達成了非常好的合作關係。

在接下來的兩個月裡，我們還把歐蒂芙推上了樂蜂網，天天網，快樂購，唯品會等多種大型B2C平臺，歐蒂芙的品牌效應已經勢不可擋。在電商的狂歡節雙十一當晚，歐蒂芙美乳精華液單品便在全網賣出了三百多萬的銷售額。

也是在這兩年，我逐漸接觸微信，直到摸索出來一套全新的微信行銷模式。從二〇一三年底時候，我就開始考慮註冊一個公司。那時候微信圈上的供銷商還不是很大規模，但我已經預測到這是一個很大的商機，微商所發出來的爆發力太厲害。

到今天，我們已經差不多有數十萬的經銷商隊伍，分佈在全國各地和海外，有華人的地方就有思埠人。

到今天，思埠微商發展的成果，比我預計的要大十倍以上。

思埠的總部，設在廣州，正在為全國的經銷商提供服務。我們各部門齊全，這裡完全系統化、體系化，現在超過五百人的總部，每個人都在把自己本職工作做好。

二〇一五年，我們剛成立了中國第一個微商教學基地。我們特別設立服務中心，安排專職工作人員，負責微商從業者的培訓報名、諮詢、並推薦就業，為企業與勞動力之間搭建一個良好的服務平臺。同時也將培養更多的優秀微商從業者、促進微商行業的發展。

我們希望，思埠最後是一個夢工廠，能給每一個人實現自己的夢想。

4／現在，我懂得了人生

曾經，他為了別人的眼光，低下頭去自卑。

現在，他被人捧在人生的最高點，在他將要三十歲的時候。

古人說，三十而立。世俗眼光，一般都認為三十而立，該立的就是家庭和事業。

但是，吳召國的人生之路回顧，除了其成就能吸引人眼球，其經歷能引起世人共鳴，更大的意義，是他身處安樂，卻未曾忘卻昨日的艱苦；商界林立中，卻有著居高而未曾臨下的平民意識；商業經濟價值創造中，自覺轉為對企業文化、社會文化的打造。

吳召國的「三十而立」，除了事業，更是一位傑出八〇後的價值觀：從草根而來，到平民中去；從改變自己，到改變他人。

機遇。這個時代。

如何看待自己所創造的奇蹟？

一些媒體說我是微商第一人，其實我不願意做第一人，因為第一挺危險。我不好說我自己是微商第一人，也不能說我創造了微商，只能說，思埠奇蹟，是時代造了英雄。就像當年的阿里巴巴，是時代造就了馬雲，馬雲抓住了歷史際遇，就是在合適的時機用合適的方法，做最合適的事情，我們也是一樣。

我很清醒，別人說你各種捧場的話，把你捧得很高很高，但我清醒自己是一個什麼樣的人。你要清醒，你要落地。如果你太沉迷於虛的東西，那你這個事業也不會再進步。我看人家把我排在誰誰的後面，與誰誰並列，我很反感。我現在也不穿名牌衣服，也不西裝革履，背個雙肩包就去上班。任何時候都是最樸實的穿著。還是要落地。其實這種生活挺好的，幹嘛把自己搞得那麼累？

我的理想，很簡單，就是想帶大家賺點錢，讓這些底層老百姓也有個機會，改變自己。

現如今，追求事業的動力？

一開始是為了改變自己的生活狀態，因為窮而創業。不要被人歧視。當然那時候也有理想。小理想就是能夠改變自己的生活，大理想就是能夠打造一個平臺，讓每個人都有就業的機會，每個人都可以實現自己的夢想。

到現在，物質條件已經夠滿足了。現在就是為了大理想而在打拼，就是我希望有一個平臺在運行，讓大家有就業的機會，能夠幫助更多的人去成功，這個平臺就算我人不在了也依然在運作。

以前的時候，看一些媒體採訪名人、大家，都在說為了中國為了社會，那時候覺得很空很泛，但是真的走到了這一步，我不再覺得這是假大空的東西。因為幫助更多的人成功，是一種快樂。

下一刻最想做的事情？

回家睡覺。非常缺覺，現在。

平常陪伴兒子的時間，基本沒有。我很可憐，我一回到家，兒子見我第一句話就是吳總你好。我的旁邊人都在笑，但其實我心裡都笑不出來。哄了半天，他叫我吳總爸爸。

有時候我說我不想成為多麼出名的人，不想成為馬雲，不想成為第二個誰，我只想成為我兒子心目中的英雄。但是這一個，目前還做不到。

前幾天我開著車去見一個客戶。兒子在旁邊看到我要走，說爸爸你不要開車，爸爸爸爸你不要上班你回家好不好？自己心裡很難受。

人家說思埠奇蹟，二〇一四年是一個奇蹟，但這個奇蹟是我用了好多時間、犧牲在家裡的時間去換來的。這一年基本上是每天都是夜晚兩三點才下班回家。還失眠，基本上是睡一個多鐘就睜開眼以為天亮了，其實還沒有。三點多才有睡慾，七點多就起來了。曾經為了事業忙的時候，四個月沒回過家見我兒子。我媽想見一下我，我也忙得抽不出時間來，唯有在我開會的時候，她過來看一下。

有一段時間，每天都去上課。我的客戶百分之九十九都是家庭主婦，社會底層的人，她們沒受過什麼職業訓練。我只能從新從頭教她們。每天都是上午九點講到十二點，下午二點講到五點。這對常人來講，是很難應付的，是要不斷的演講，不能停，停了三分鐘就冷場。講了三十三場，講到最後都害怕了恐懼了，老婆說你還講咱就離婚。

中國挑戰萬人體育館來演講的人不多，我可能是這裡面為數不多的一個。在廣州體育館，一萬人。明天大會堂也有五千多人，現在都不緊張了，就是這一年練出來的，成長了。

希望別如何評價你？

一個人最幸福的事情是自己有夢想，並且有實現夢想的舞臺。只要有可能，我便會用充滿雞血般的正能量盡可能地感染周圍每一個失意的年輕人。我想讓大家擁有的是這樣一種人生：無論何時回頭看自己來時的路，那些汗水沸騰過的青春都讓我們驕傲的說，你或許還只是原來的你，而我卻早已超越了自己。

一個好漢三個幫，真心感激創業的每一個階段不管是多輝煌或是多難熬，始終在我左右不拋棄不放棄的良師益友及團隊夥伴們，不辜負大家，便是我奮力前進最真實的理由。若干年後，我希望所有有緣相逢過的人再聽到吳召國這個名字時，不僅是說他的事業現在做的多轟動多牛逼（厲害），而是回憶起一起奮鬥過的日子裡，他對事業狂熱的態度，足以影響自己為未來的人生拼搏出更高的評分，這便是最值得驕傲的事！

做微商艱難嗎？

我二〇一二年開始做自媒體，第一次提出微商這個概念是在二〇一三年，當時提出微商這個概念，被很多人嗤之以鼻。沒想到二〇一四年九月十八日，我第一次走上公眾舞臺進行演講時，微商就已經成了當今中國最火的詞。微商一定會改變中國的商業格局，只有借助每一個個體的力量、每一個微笑的力量，才能把品牌帶到國際！

你走到最好，就必須承擔所有的詆毀和流言。我們從地下車庫到獨立大廈，從三十五個人的團隊到現在的上市集團，從嗤之以鼻到萬眾引目。做微商有痛苦嗎？斷貨！這太痛苦了！

中國這樣的制度和投資環境，沒有錢、背景、思路和想法，窮人很難翻身。但仍然有三次窮人翻身的機會，第一次是八〇年代的下海，第二次是九〇年代初的股票和房地產市場，第三次是在一九九九年底、二〇〇〇年初時的互聯網革命。對於我而言，這三次機會我都沒趕上，直到二〇一三年新媒體勢頭大增，每個人都成為媒體，稱之為「自媒體」。自媒體產生後，銷售者同時是分享者。微商出來之後，我不期望比別人早走兩步，只希望能與別人同行，誰有能力誰成功，終於等到了這樣的機會。

微商一定可以改變中國的商業局面，我們在雪梨、美國和東南亞等等只要有華人的地方都有若干經銷商，如果按照傳統打法，想打到國外去太難了，我們只能借助個體、微小的力量，將我們的品牌帶到大洋彼岸去，我想這也是將品牌走向國際一種很好的方法。希望我們一起努力，打造一個更好的民族品牌！

微信之後，思埠的路在哪裡？

我們已經在轉型，思埠不再出自己的原創品牌。我們只會收購或者與國內以及國際的大品牌合作。我最終打造的是一個平臺，造一個體系。管道為王。我希望在我這裡，能給全國甚至全世界的老百姓提供最美好的產品和服務。

如何看待創業的辛苦？

從二〇一四年六月到十二月分，六個月的時間，我們陸續請到楊恭如、秦嵐、袁姍姍以及林心如作為代言人，我特別喜歡袁姍姍說的一句話，「萬箭穿心，習慣就好」。我們的品牌從沒有知名度、沒有代言人到簽到四個代言人，只用了六個月的時間而已。

很多人跟我講，說吳總，你的公司企業思埠經過八個月的發展，這個速度簡直就是不可思議，簡直就是創造一個奇蹟，我想給大家講，這個世界上沒有奇蹟，這個世界上沒有白白的成功，我們最早的時候做思埠，在一個非常小的房間裡面，我們只有三個員工的時候，基本上是二十四小時通宵達旦的工作。我記得我們第二次搬家，我們搬到一個地下室裡的時候，整個房間裡面，除了辦公桌之外，我們裡面就是帳篷、乾糧，我們沒有吃飯，沒有睡覺這個概念，反正累了，就躺在帳篷裡面休息一會兒，醒了就起來工作，餓了就吃，吃完就幹。整整這麼熬了兩個月時間，這兩個月我們每個人可以說熬的像鬼一樣，真的是非常非常的艱辛，再到後來，一直到今天為止，我的企業已經發展的非常非常龐大了，我們仍然能夠堅持每一天都工作到凌晨二點，當然這不是一個很健康的生活方式，大家不要去借鑒，但是我們確實是這麼去工作，凌晨二點下班，然後早上九點準時起來上班，基本上玩命的狀態。整整七八個月，我們基本上沒有回過家。

其實這個世界上所有的奇蹟，都來源於你私底下每一分玩命的付出。

思埠文化的核心價值觀有哪些？

最有愛的企業。我們不敢說要做中國最成功的企業，但一定要成為最有愛的企業。

授人以魚不如授人以漁。金錢上的資助只能解決短期的需要，如何讓這些人學會賺錢的技能，從而改變自己的命運，才是最重要的。其實從一開始思埠創業所宣導的一個理念就是零門檻創業，因為思埠發展的構思，就是能夠幫助到更多的人，能夠實現自己的人生夢想，思埠主要定位在社會最底層的人士。因為思埠的經銷商，思埠的創業者九十%以上，都是家庭主婦，下崗工人，在校大學生以及畢業找不著工作的大學生，他們其實是社會最弱勢的一個群體，他們沒有太多的資金來創業，所以思埠奉行的一個思路就是零門檻，往往很多人因為兩百塊錢就失去了一次創業的機會。

永保一顆積極向上的心。不成功的人有各種不同的原因，然而成功的人都有著相似之處，那就是：永遠充滿正能量，從不抱怨，保持一顆積極向上的心。在我的世界裡，沒有不可能和抱怨這些詞。

不忘初心，感恩做事。我們集團起名為思埠，也是表達對故鄉的思念之情，也是時刻提醒我，不管企業發展多大，不管擁有多少財富，永遠記住自己的出身，是一個草根階級，永遠不要忘初心，永遠抱著感恩的心來做事。

PART 3

崛起，時代

那個沒有傘的孩子，
拼命地跑著。

1／引子

那個沒有傘的孩子，拼命地跑著。

雨滴很大、很密、很涼。他不能停，他怕一旦停下來，雨水會沖走山裡娃的倔脾氣；他怕那徹骨的寒冷掠走血的溫度。是的，他怕。他怕一旦停下來，雨水漫捲，他被囚在泥濘中，無法邁步。

就這麼一路跑著，越過那些溝溝坎坎、山山嶺嶺的。摔倒了，依然執拗地保持著向前的姿勢。

雨歇雲散時分，那是黃昏。天際的虹，若隱若現，很遠。左，漁火點點；右，燈塔瑩瑩；那一江粼波搖曳，載著千年的漁舟唱晚。

他佇立著，任風吹打著驛路的塵，忘了疲憊。那是二十八年的峰迴路轉，日連著夜的風，夜繼著日的冷。

出版：人民日报海外版
发行：DAG GMBH
人民日报海外版欧洲办事处
地址：Atrium Ebene 5 West-13
The Squaire am Flughafen
60549 Frankfurt am Main

人民日报 海外版 欧洲刊

广告电话：0049-61013497882
0049-610198752100
传 真：0049-69-643552369
国内邮箱：haiwaibaneu@163.com
欧洲刊网：www.peoplenews.eu
发 行 码：ISSN 2262—7103

PEOPLE'S DAILY OVERSEAS EDITION EUROPE 第八十一期 2014年9月25日 全欧洲发行量最大中国报纸 定价：每份2.00欧元 欧洲、中国同步发行

习近平在纪念孔子诞辰2565周年学术研讨会暨国际儒学联合会会员大会开幕会上强调

从延续民族文化血脉中开拓前进

- 推进人类各种文明交流交融、互学互鉴，是让世界变得更加美丽、各国人民生活得更加美好的必由之路
- 国际社会应该携手努力，一起来维护世界和平、促进共同发展。只有这样，和平才有希望，发展才有希望
- 中国将坚定不移走和平发展道路，中国也希望世界各国都走和平发展道路

中国微商第一人 “思埠奇迹”缔造者

——中国全球华人企业家联合会副会长、广州思埠生物科技有限公司董事长吴召国专访

林爱民

短短数月，从小微企业到集团企业的跃升，从名不经传到成为国内顶尖的微商第一人；无数个日夜的打拼，通过网络、微信销售创造的“思埠奇迹”，被业内视为微营销中最经典的案例——中国全球华人企业家联合会副会长、广州思埠生物科技有限公司董事长吴召国，一位未及而立之年却始终坚持追寻梦想的商界少帅，用青春和汗水，书写着一部永不言败的创业传奇；用创新与智慧，带领越来越多的人共同致……

由实体转到了电商，企业效益越来越好。而就在此时，如旭日朝阳般冉冉升起的微信营销开始引起他的关注。吴召国说：“早在做电商期间，我就会接触到很多的自媒体，像微博、微信。微商，我的定义就是微小的商人、微小的商店。经过这半年的时间，我对微信营销进行了仔细研究规划，摸透、摸清了一套全新的运营模式。微商和电商有个直观的比较，如果说电商还需要开个店的话，那么微商只要求你有一部智能机，有一些人脉和朋友圈就足够了。从终端来看，微商是‘微小’的，但是其中孕育的商机却庞大无比，微商就是存在于细微之处的商机。在微商时代，每个人既是消费者，又是销售者”。

“微商是建立在关注度之上的商业模式，谁有更多的粉丝，谁有更多的朋友，谁有更广的圈子，那么谁就能站在更高的起点。如何获取关注度呢？答案是售卖创意。如今的网络十分发达，人们看惯了千篇一律的东西，总是期待能出现一些新鲜的事物供其八卦。你能拿出别人没有的东西，那么大家都会把目光聚焦在你身上，这就是赢取关注度的方法。微商是‘微小’的，但是其中孕育的商机却庞大无比，微商就是存在于细微之处的商机。在微商时代，每个人既是消费者、又是销售者”。

2013年末，吴召国和他的团队开始了微营销新贵——“思埠”的奇迹之路……

思如泉涌 埠埠生莲

思埠，寓意思想的码头。是汇集创新、进取、实干等先进思想的码头；是汇聚吃苦耐劳、……

想，你才能够跑得更远，你的梦想才能飞得更高”。

“只要你有一部智能手机，只要你会玩微信、微博、qq，通过你的qq空间、朋友圈去传播你的产品，只要付出努力，创业梦想就能实现”。吴召国说：“思埠从一开始，就采用零门槛的方式吸引经销商。我们从来没有向我们的经销商收一分钱的加工费、保证金。我们的零门槛就是让他们突破自己踏出第一步。我们不给经销商压力，而是持续鼓励他们，给他们灌输一种正能量：永远不要去抱怨生活，把抱怨的时间拿来去打造你的一个销售渠道。我们未来最远大的目标就是帮助更多的社会最底层的人去创业，实现他们的创业梦想。”

日前，李克强总理在第八届夏季达沃斯论坛上致辞中提出：借改革创新的“东风”，在中国960万平方公里土地上掀起一个“大众创业”、“草根创业”的新浪潮，中国人民勤劳智慧的“自然禀赋”就会充分发挥，中国经济持续发展的“发动机”就会更新换代升级。吴召国和思埠团队，正是以饱满的创业热情和辛勤的付出，带动更多的普通人在创新之路上共同寻梦。

梦想腾飞 再绘蓝图

“任何一个生意，任何一个行业，你的营销方法再好，你的员工素质再高，如果你的产品不行他也是一个零。所以说我们永远记住一句话：产品的质量是我们的生命”。即便是已经得到市场检验，不断获得肯定的今天，吴召国和每一位思埠员工始终将产品质量放在第一位，……

40万去在浙江捐建了第一所图书馆，从那个时候开始，我就尽自己的能力去帮助需要帮助的人。当然，我们一个企业的力量很渺小，靠我们的能力远远不能去帮助到所有的人。我们所做的只是抛砖引玉，我们希望通过思埠的影响力去影响更多的人参与慈善”。

一直以来，思埠集团不断地为弱势群体带来就业机会，让一些失业人员（特别是伤残人士）重新获得就业机会。正是因为如此，思埠集团目前70%的经销商都是下岗工人、家庭妇女、未就业大学生以及低保人群。思埠集团不断地向他们提供创业帮助，协助这些弱势群体创业致富，陪他们渡过最艰难的日子，帮助他们实现美好的生活愿望。

爱心奉献从身边做起，思埠集团的每一位经销商无时无刻不在感受着家一般的温暖。

2014年上半年，思埠集团成立了员工爱心帮扶中心，致力于帮助有困难的经销商渡过生活难关并提供资金资助，此举得到经销商的一致好评。7月15日的经销商会议上，一位经销商真实的令人惋惜的家庭经历引起了在座所有人的共鸣，思埠集团当即作出决定：集团在这里呼吁所有的经销商，孝敬父母不是赚多少钱带来多少财富，而是带着父母去医院做一次全面的身体检查。

经销商琳霞是众多受益人中的一位，患有脊柱侧弯的她和弟弟，急需资金渡过难关，走投无路的她向帮扶中心求助，员工爱心帮扶中心马上为她伸出了援手，让琳霞的家庭重新看到了生活的希望；经销商“乐乐”也是帮扶中心帮扶过的其中一员，她说：“感谢所有捐助乐乐的经销商家人，有了你们的帮助才让乐乐有了生……

进行送爱心活动，把慈善事业落到实处，受到社会各界的广泛好评。目前，爱心团队先后在……州、义乌、宁波、昆山、温岭、雷州、云南、哈尔……等地进行献爱心活动，持续关注当地弱势群……的生活。700多支义工团、30000人的爱心义……延续着爱心之旅，一个又一个感人的爱心故……不断上演……

今年5月，吴召国与“美妆王子”马锐共同发起到贫困的云南省丽江市河古镇举行“爱心助学，走进丽江”爱心捐助活动，切实地为贫困学生解决了学习与生活上的问题；6月2日，在宁波市思美儿童福利院，思埠天使团队为福利院里的孩子们送去了儿童节的问候与节日礼物，给孩子们带去了无尽欢乐；7月9日，思埠天使团队第三次走进了山东省泗水县泗张镇……家庄村，不仅为家庭困难户送去了紧缺的生活物资，还为贫困学生细心准备了书包、铅笔等学习用品……

天灾无情人有情，每一次重大自然灾害发生后，思埠爱心团队总会在第一时间伸出援助之手，一幕幕雪中送炭的动人情景感动着每一个人。

今年7月20日，广东湛江雷州因遭受强台风袭击，损失巨大；事发当天，思埠集团得知此信息后，便立即委托广州花都区民政局为雷州灾区同胞送去20万元的援建资金，为灾区人民雪中送炭；8月3日，云南鲁甸地震的消息震惊了全国，灾区群众牵动着每一个思埠人的心，集团第一时间向鲁甸地震灾区捐献了100万，以帮助缓解灾区同胞急缺帐篷、衣物、食物等实际问题。

吴召国说：“思埠集团在自身飞速发展的同……

這一立，便凝固了風景，也融化了時間。

杜鵑啼血，鳳凰涅槃，精衛填海……你覺得老套？

好吧。或許，你該想到了那只蝴蝶，那只誕生於上個世紀七〇年代，屬於美國人洛倫茲的「蝴蝶」。

她的翅膀在亞馬遜雨林裡偶爾的振動，兩周後的美國德克薩斯州，一場龍捲風就可能咆哮恣肆。

這是一隻蝴蝶的世界，這也是一隻蝴蝶的涅槃。

於是，你記住了摧枯拉朽的狂風，還有風肆無忌憚的顛覆，可你卻忘記了蝴蝶。當然，你也可能記住了蝴蝶，卻又根本沒想起破繭成蝶的痛苦之蛻。

但，你一定記住了那個沒有傘在雨中一直奔跑的孩子，心碎柔和著心動。

波光前佇立的那一刻，那個孩子長大了。長大了的他，還有長大了的夢，與剛剛誕生的「思埠」，綁在了一起。

再後來，他和「思埠」依然像當初那樣，不停地奔跑。跑著跑著，就引領了一場顛覆抑或叫重構，石破天驚。

所以，你迫不及待地推開「顛覆」的大門，探尋傳奇。你或許看到了行銷模式，先機，還有堅持。你沒看到夢？還有那圓夢與築夢的百轉千回？你沒看到愛？還有那給予與付出的盪氣迴腸？

其實，這樣的一次顛覆與重構，早已超出了商業的範疇，影響並改變了人們的生活方式。這樣的改變，稀釋了芸芸草根的昇華之痛，並讓這個奔流不息的時代，在另一種繁華的變奏中，措手不及。

沂蒙山、白雲山、喜馬拉雅山，這山那山的，只是個名字，你記得也行，忘了也罷。「傳奇」的注腳，只屬於攀登者的身影，當然，還有汗水，還有足跡。

從那個雨中莽野奔跑的孩子，到那只叢林煽動翅膀的蝴蝶，再到群峰林立中小小的攀登身影，你會找到「微」，也找了「微」的匯聚，然後便是，飛流直下抑或直沖九天的浩蕩之「巨」。

沒錯，就這麼簡單，這就是「思埠」，這就是以「微商」的名義，引領著時代，醞釀發酵的「思埠傳奇」。

其實，又哪有什麼「傳奇」？從五十萬到一個億的註冊資金的飛竄，從三個人到幾千員工的龐大集團的跨躍，從地下室到人民大會堂的蛻變，這一切的一切，吳召國和「思埠」，只是用草根的奔跑姿勢告訴我們，逐夢路上，大愛者強。

還記得，國家主席習近平曾希望和要求，全社會都要重視和支持青年創新創業，提供更有利的條件，搭建更廣闊的舞臺，讓廣大青年在創新創業中煥發出更加奪目的青春光彩。

李克強總理在二〇一四夏季達沃斯論壇上致辭時，期待著借改革創新的「東風」，在九百六十萬平方公里土地上掀起一個「大眾創業」、「草根創業」的新浪潮。

吳召國和他的思埠，歷史性地成為這一浪潮的引領者和先行者。

2／關於「思埠」

名字，不只是名和字，她是故事。

名字裡不僅有當下，還有歷史和未來，她承載著很多說得清說不清的心動和意蘊，或悠長，或雋永。所以，「思埠」不只是一個集團的名字。

何謂「思埠」？

「思埠」寓意思想的港灣，是彙集創新、進取、實幹等先進思想的港灣；是匯聚吃苦耐勞、勤奮拼搏、團結一致的優秀人才的港灣；是廣大顧客值得信賴、合作的堅實的港灣。

這是思埠集團官方的答案，有點像教科書，條理清晰，要旨明確，中規中矩。

但這絕非「思埠」的全部，讓我們先打開漢語詞典——

思：1、想，考慮，動腦筋（a．客觀存在反映在人的意識中經過思維活動而產生的結果；b．想法，念頭；c．思量）。2、想念，掛念。3、想法。4、姓。

埠：1、（本義）停船的碼頭。2、同本義見《大明律》，官牙埠頭，船埠頭。謂主船客商買賣貨物也。3、大城市，如：商埠。

吳召國的血脈裡，從小就流淌著一個「埠」。

吳召國的出生地費縣，隸屬於山東省臨沂市，地處山東省中南部沂蒙山區腹地，居蒙山之陽、祊河中游。費縣歷史悠久，是唐代傑出政治家、軍事家、書法家顏真卿的故里，境內有大汶口文化遺址、商代文化遺址等一百五十多處，素稱「聖人化行之邦、賢人鐘毓之地」，是革命老區。

還記得當年經藝術家彭麗媛演繹之後，風靡全國的《沂蒙山小調》嗎？

「人人（那個）都說（哎）沂蒙山好
沂蒙（那個）山上（哎）好風光
青山（那個）綠水（哎）多好看
風吹（那個）草低（哎）見牛羊……」

是的，它就誕生在沂蒙山望海樓腳下的費縣薛莊鎮上白石屋村。這裡，離吳召國的出生地很近。

在高中畢業之前，吳召國相依為命的村莊，就叫「新埠村」。

從「新埠村」起步，十八歲，他打起背包離開家，走進溫暖與冷漠，也走進疾風與苦雨。從東到西，又從北到南，無數次的回眸與擦肩，那是他的埠，他的思，他的鄉親，他的家園。

是的，「埠」，那是他的原點，那是一碗又一碗的「玉米糊糊」，那是過年才能吃上一頓的餃子，那是美麗但披著濃重的貧窮底蘊的柿子樹，那是生他養他的黃土地。

那是初心，那是忘不了也不能忘的「本」。

關於「思埠」，不得不提的還有另一個版本，這個版本，來自吳召國。

「因為思埠的首字母組合是SB，對，就是XX。當你斜躺在沙發上幸福地看韓劇，感動得一塌糊塗的時候，我們正SB一樣拼命寫著我們的下一個更加感動的文案；當你和你的朋友在KTV瀟灑的時候，我們還是SB一樣地拼命構想創意著如何做一款更適合市場潮流的新品；當你遊走在各大宴會品嘗山珍海味的時候，我們正在SB一樣守在電腦面前一碗泡面解決了晚飯。一個人最幸福的事情，就是自己有DREAM（夢想）並且有實現夢想的TEAM（團隊）。我想打造這樣的團隊，成就這樣一種人生。若干年以後，無論何時回頭看自己來時的路，那些汗水沸騰過的青春，都讓我們每個人驕傲的說，你或者還只是原來的你，而我們卻早已超越了當初的自己！」

自嘲？詼諧？反正聽完這些話，初上嘴角的一絲笑，很快就被超嚴肅的境界磨平了。

埠，港灣。這裡是起點，也是終點。

輕舟飛流之下，「思埠」，那還真不止是一江的春花秋月呢。她匯美、匯智、匯夢、匯理想；她匯愛、匯情、匯孝、匯格局。

這不就是一個家麼！一個又一個沒有傘的孩子，在雨中奔跑著匯聚在一起，然後挽起手衝破那無邊無際的雨幕。

還需要天際的虹作為點綴嗎？那不停的奔跑，早已感天動地。

這，就是「思埠」。

3／老吳說微商

老吳，一點也不老。

這個從山溝裡走來的八〇後，一個地地道道的草根，他尚未及三十，算起來相當年輕。從草根到青年領袖，一個「老」字，就讓那些親切、厚重、甚至敬仰等等雋永的元素，在吳召國身上，演繹的自自然然的。

儘管思埠現在已經站在一個很高的平臺上，並且繼續保持著快速攀援的氣勢。但說到思埠崛起，說到老吳，第一個繞不開的詞自然就是「微商」。在業界看來，中國微商第一人這個稱謂，對老吳來說，並無半點浮誇。

實際上，如果沒有吳召國，中國有沒有「微商」這個詞，或者說是不是能讓這個詞衝擊力這麼強，還真很難說。

根據可查到的資料，二〇一四年四月，吳召國在一次行銷會議上第一次提出「微商」這個詞時，很多人根本沒放在心上，更沒人會想到，僅僅時隔半年，「微商」一詞就波濤洶湧地席捲全國，甚至漂洋過海。

關於「微商」，無論是專家還是老百姓，都有著不同的解讀。在褒貶不一的氛圍中，這個詞被賦予了不甚清晰的輪廓。

直到思埠的崛起，更多的專家才以學究的姿態，正面「微商」。

那麼，作為微商大潮的引領者和成功者，老吳怎麼說「微商」呢？

「早在做電商期間，我就接觸到很多的自媒體，像微博、微信。微商，我的定義就是微小的商人，微小的商店。用了半年的時間，我對微信行銷進行了仔細的研究規劃，摸透、摸清了一套全新的營運模式。微商和電商有個直觀的比較，如果說電商還需要開個店的話，那麼微商只要求你有一部智慧機，有一些人脈和朋友圈就足夠了。從終端來看，微商是『微小』的，但是其中孕育的商機卻龐大無比，微商就是存在於細微之處的商機。在微商時代，每個人既是消費者，又是銷售者。」

簡單，直接，撇開那些拗口的理論，老吳就這麼一錘子砸在了微商的「要緊」處。

你還不明白？那麼，老吳再講給你聽。

「微商是建立在關注度之上的商業模式，誰有更多的粉絲，誰有更多的朋友，誰有更廣的圈子，那麼誰就能站在更高的起點。如何獲取關注度呢？答案是售賣創意。如今的網路十分發達，人們看慣了千篇一律的東西，總是期待能出現一些新鮮的事物供其八卦。你能拿出別人沒有的東西，那麼大家都會把目光聚焦在你身上，這就是贏取關注度的方法。」

「關注度」之上的商業模式，你清楚了嗎？

其實，就算老吳看清了微商最核心的要素，甚至也感知到由此蘊含的巨大張力。但他自己也沒想到，由他首次提出這個詞幾個月後，「微商」就成了各種論壇、各大行銷會議必然涉及的「座上賓」。似乎如果不探討微商，不探討思埠模式，都與時代脫軌了一樣。

這場源於「關注度」的商業模式，因為「思埠」，吸引來了如此磅礡的「關注度」，這的確是吳召國始料未及。

「思埠」刮起的「微商」風呈現愈演愈烈之勢，各種土豪企業老闆和當年瘋狂地一擲千金成立電商事業部一樣迅速組建了微商事業部，好像不做微商企業就無法營運，只有微商才是救世主，根本不去考慮自己的企業適不適應微商，不去考慮營運體系和模式。

儘管熱鬧天天在上演，作為微商成熟運作模式的創始者，老吳冷靜得很。

「一天，我去某度假山莊考察專案，在度假山莊的星級酒店竟然同時召開了三個化妝品公司的微商大會，全國到處都是各種微商千人大會，甚至有人將頭銜標為世界微商大會。各種媒體開始跟風，對微商的態度兩極化嚴重，支持微商的人稱『微商將會顛覆電商，馬雲在顫抖』，恨微商的人把微商批成傳銷，只會一閃而過。更有很多自封微商大師的人四處收費開課，大談特談企業如何進入微商。」

還不止於此。

當思埠將二〇一四年年底的經銷商答謝大會放在人民大會堂舉辦的消息一經宣布，人民大會堂似乎就成了微商必去之地，好多企業也把新品發布放到人民大會堂。

整個的二〇一四年下半年，跟風，成為很多商家一種超級時尚的不二選擇。這種近乎瘋狂的集體爆發，在吳召國看來，當然，也不完全是盲從。

「微商的發展速度遠超電商以及實體經濟的發展速度，如果說電商一個月顛覆傳統一年，那麼微商可以說又把電商的顛覆週期大大地縮短了。」

任何一種風潮的湧動，總會有投機者在魚龍混雜的大氛圍中，期望用不上檯面的「技巧」攫取不義之利，甚至直接敗壞了一個行業的聲譽。對此，老吳也是憂心忡忡。

「現在微商沒有頒布行業標準，進入門檻低，不乏充斥著很多機會主義者進入這個行業瘋狂圈錢，隨便代加工一個品牌就開始全國招代理圈錢，完全不顧及產品的品質以及品牌建設。其實我想說，任何一個商業模式都一定要建立在產品品質和品牌基礎之上，微商要想持續盈利，必須建立在終端零售基礎之上。但是目前除了思埠和極個別企業之外，絕大部分微商根本不重視終端市場廣告投放，或者說沒有資金去投放亦或只是為了圈錢而操作，產品只是從總代到一級二級，一級一級的進行了庫存轉移，根本沒有人終端零售，因為消費者不認識這個牌子，最終只能是自己用了或者送人，導致一個品牌曇花一現，這種例子數不勝數，一年之內死了成千上萬個品牌……」

就像洶湧的海潮，一波波前浪匍匐在沙灘上，又總有一波波的後浪無所畏懼地沖上來。果真就是，「生」的不明白，「死」的也不明白，甚至倒下了還沒搞清楚微商的核心在哪裡。

老吳說，淺層次的微商，註定只是曇花一現。

「消費者看你刷刷朋友圈就購買的這種時代在一年前已經過去了，必須要加強廣告投放力度以及品牌建設。有人說微商是信用經濟，但是個人信用在品牌面前真的不值一提。消費者在不認識你之前怎麼能知道你的信用呢？消費者對品牌產生認知，要看你的品牌有沒有代言人有沒有廣告投放。如果你的牌子沒有任何知名度，他根本不會產生購買的衝動。個人信用只針對認識你的親朋好友，但是微商人都知道，最先打擊你嘲笑你的往往是你身邊的人。個人信用在品牌認知度面前可以忽略不計。微商已經進入3.0時代，1.0時代屬於洗版即可讓消費者產生購買慾望，2.0時代，消費者會很慎重的選擇微商產品，3.0時代，消費者只會認可有品牌認知度的產品進行購買。如果你還用1.0時代的眼光看待這個行業，是一定會失敗的。」

「現在微商已經進入資本運作的時代，且在前段時間某著名資本已經進駐這個行業，思埠也會馬上通過併購延伸產業鏈進入資本市場，未來的微商市場格局是：誰能燒廣告做宣傳，誰就能持續發展，微商企業做品牌也必須要回歸到傳統品牌打造模式。總結起來就是行銷模式萬變不離其宗，定要回歸原點。我大膽地預言一下，二〇一五年三月，微商這個行業將進入洗牌階段，小品牌將一個一個倒下，並且微商市場越來越複雜，會有更多無良企業進駐微商行業開啟圈錢模式，大區幾十萬，總代幾十萬，收一批錢之後就跑路，跑路不是因為錢賺夠了，而是因為貨囤積在銷售商手中無法終端銷售，只能眼睜睜看著品牌死掉，這些企業完全不去打造品牌，不去投入廣告，單純的出品牌，收錢，再出品牌。這是很可怕的現象，這將會嚴重影響微商行業的口碑，當這個行業口碑臭了之後，再想重新佔領消費者的內心真的很艱難。」

說到這，你該明白了，人家都在用四驅（軌道車）代步了，你還一心琢磨著一雙跑鞋的性能，不被甩的遠遠的，那才怪了。

關於微商，老吳還有一些掏心窩子的話。

「各位想進駐微商的企業一定切記，進駐微商不是萬能鑰匙，如果你沒準備好大手筆的資金把你的品牌調性、品質以及品牌知名度大大提升的準備，一定不要盲目進軍微商。微商不是雪中送炭，微商只能是錦上添花。也希望很多微商從業者擦亮你的慧眼，不要盲目成為無良企業圈錢的幫兇。思埠作為中國微商領軍企業，非常願意分享我們的經驗給各位同仁，讓我們一起攜手努力，在政府沒有頒布微商行業標準之前積極自律，讓這個新生的行業健康有序地發展，真正實現李克強總理今年四月分在達沃斯論壇上的講話目標，讓草根創業之風席捲中國大地！」

關於思埠，關於思埠的奇蹟，從老吳細細解讀「微商」開始，就變得敞亮起來。

4／夢圓之一：從地下室到十三層大廈

↑思埠大廈

二〇一四年三月十三日。

這是吳召國一直銘記的日子，這一天「思埠」誕生了。

同樣刻骨銘心的，還有那三個人的團隊，和一間狹小的地下室。一個「振興民族化妝品品牌」的夢，就發軔於這間沒有陽光照射的地下車庫。

當然，還有拼湊起的五十萬註冊金、十五萬元的啟動金。

回頭看，這樣一次光明正大的落地，無論充溢著怎樣的豪情，在大都市廣州繁華簇簇的淹沒中，因為志向的高遠，更顯得悲壯。

其實，早在「思埠」註冊落地之前，吳召國做過工廠，做過天貓，並且已經研究出了微信銷售的核心模式，而且初步運作已見成效。

只是那時，沒有「微商」這個詞，即便「思埠」成立之後，這種利用微信銷售的模式，也只是被稱為「自媒體銷售」而已。

當吳召國發現了這種銷售模式之下蘊藏的巨大能量時，他告訴自己，成立公司實行公司化規範運作的時候到了，唯有規範化，才可能支撐起微信行銷的未來，並真正觸發這種商業模式的爆發力。

剛落地的「思埠」，在茫茫商海中，浮萍一樣的微小，甚至有些寒酸。對於未來，對於彼岸，所有的人或多或少有些茫然。

唯獨吳召國，是笑著出發的。

他非常有底氣地告訴他的團隊，「二〇一四年，思埠一定會有自己的大廈。」其他人環顧家徒四壁的辦公室，苦笑著說：「吳總，別做夢了，我們有一個兩室一廳就不錯了。」

吳召國依然笑笑：「為什麼百度可以有，阿里巴巴可以有，騰訊可以有，我們思埠為什麼不能有！相信我，夢想一定可以實現！」

那語氣，堅定得與那些破陋的辦公室很不協調，但又不容置疑。

外人看來有些戲謔的許諾種子，卻在不經意間找

↑艱苦創業的日子

到了快速生根發芽的節奏，這讓所有看衰的人大跌眼鏡。

僅僅用了十天的時間，思埠的家，就從十幾平米的地下室搬到了一百平方米的辦公室；再一個月，又搬進了三百平方米的辦公室；兩個月後的六月十五日，思埠搬遷到了三千平方米的辦公室。

二〇一四年十一月。

這又是吳召國和思埠人值得銘記的時刻，就在這個月，十三層樓的思埠辦公大廈拔地而起，思埠人意氣風發步入新天地。

嶄新的大廈，幾乎成為花都地區最有標誌性的建築，在大廈的一樓，思埠耗鉅資建造了一個非常領先的科技館，高端氣派，如夢如幻。

八個月的時間，思埠用不可思議的速度淩駕於時間之上，那個小小的三人團隊在一個集團化營運的航母面前，淡入往事如煙。

淡如雲煙的，還有那一次次人拉肩扛略顯落魄的搬家，還有擁擠的空間下小心翼翼的穿梭，當然，還有那夜夜不熄的燈火和又紅又腫的眼圈。

「因為一直挺著腰杆，所以，風雨也無可奈何。」

吳召國說，對於苦難的最好的回擊，唯有強大自己，就好比嶄新的思埠大廈，再大的狂風在你的屹立中，只能選擇繞行。而我們，是無法繞過風的。繞不過的東西，你選擇回避，那就等於徹底的認輸了。

吳召國的第一個夢，用最後的大廈崛起，為不服輸，做了完美的注解。

5／講課講怕了的日子

天上會掉下隕石，會落下疾雨，誰撿到過天上掉下來的餡餅呢？

「守株待兔」的寓言，終究停留在寓言的層面上，用笑的方式為懶惰者構寫墓誌銘。浴火後的鳳凰，壯麗了人們的視野，那些撕心裂肺的過程則習慣性被人忽視。也只有吳召國自己最清楚，那仰望著峰巒，一步一步地攀爬，是怎樣的快與痛。過程，才能梳理出超越的沉重。思埠崛起的聚光燈背後，你能想到那特立獨行的身影嗎？他忙碌在日光下，忙碌在子夜時。

僅是「發現微商」這第一步，就有太多足以讓吳召國放棄的理由。

「一開始時候，我發現一些微信朋友，他們是做代購，把產品放上去找人刷，我就發現，微信可以刷一分鐘。我覺得與其一對一的叫人家買，不如建立一個群，拉到一個群裡都一起講。」

有這想法了，但是沒有人，他就把自己微信上的七個朋友全拉進來，告訴人家，說今晚我給你們講一堂微信課。

↑那些日子，講課，講課，還是講課

↑講課講到怕

他做足了功課，開始認真地講解。大概只講了十來分鐘，那七個朋友就全部退出去了，只留下他一個人對著空蕩蕩的微群，發呆。

那一刻，他心裡真有點拔涼拔涼的。

怎麼辦？認准的事就絕不撒手的吳召國，選擇了總結教訓，另闢蹊徑。

「我就在朋友圈裡發一些產品廣告。後來有一次我偶遇溫碧霞，與她合了個影，就把這合照傳上朋友圈。想不到這效果非常好，大家都在詢問這是什麼面膜什麼產品。我就說這產品非常好，我可以現在給你們發，用得好了再來拿。然後就通過這辦法積累了第一批客人，那時候每賣一盒的利潤都很可觀，一天能賺一兩萬。這方法挺好，但是能否找別人來幫我做？我就給了一些朋友來賣，但他們竟然不感興趣，因為沒有這個意識。」

一線曙光升起，他卻透過曙光預見到了漫天彩霞。

吳召國琢磨著，要把事業做大，就必須想盡辦法繼續拓展。那時，他的微信好友就幾十個人。怎麼拓展呢？他想到了之前在天貓開店積累的一些老客戶，於是，就跟這些老客戶挨個去聊。

「當初，我的天貓用了三個月的時間做到了淘寶的第一名，這是一個奇蹟，因為我把淘寶的所有規則都讀懂了，也把顧客的心理弄懂了。那時候做的豐胸產品，那麼這些顧客要麼自己不滿意，要麼伴侶不滿意，肯定是有心理上的需求。我必須把握好這些心理，每一個溝通，每一次留言評價，用什麼樣的語氣，什麼樣的措辭，用什麼樣的標點符號，都好好研究過。」

在吳召國看來，網上買東西，不見面跟見面都是一樣的，都要注意到客人的心理。那時候，幾乎每天都有一千個人到他的網店裡流覽。他就在上面發公告，凡是想跟老闆私聊交流的，都可以加他的微信號，這樣他的微信上有了越來越多的人。所以他常笑談，他的第一批供銷商全是在天貓買豐胸產品認識的。

後來，不做淘寶後，他就逐漸專注於微信行銷，把朋友都拉到群裡，給他們講課，一點一點的講，最後摸索出了一套微商的初級課程，一套體系的東西。那時，他每天晚上的例行功課，就是講課講課講課，一開始是在微信群上開講，後來是面對面，這樣的過程持續了三個多月。

「我做什麼都不會只求一知半解，我要把所有事情都摸清。這可能也是我成功的一個原因吧。做淘寶的時候，我就和身邊人說，一定要讓客戶加你的q或者微信，這才是增進與客戶之間交流聯繫的辦法。因為旺旺只是一個工具。而微信和qq是一個聯繫方式，加了就是你的朋友。」

用心，讓吳召國一步一步從「嘗試」到「探索」，從「研磨」到最終接近「規律」。

實際上，吳召國的「微商」夢開始萌芽之際，思埠還沒有開始註冊。

二〇一三年底，吳召國認真地考慮著要註冊一個公司。儘管那時候微信圈上的供銷商還不是很大規模，但他已經預測到這將是一個巨大的商機，微商所發出來的爆發力讓他的血近乎沸騰。

所以，在大時代的「紅利」風口，吳召國堅定地催生了「思埠」落地。

伴隨著「思埠」問世，他又開始步入了日復一日的「講課」時間。

「有一段時間，每天都去上課。我的客戶百分之九十九都是家庭主婦，社會底層的人，她們沒受過什麼職業訓練，我只能從頭教她們。每天都是上午九點講到十二點，下午二點講到五點。這對常人來講，是很難應付的，是要不斷的演講，不能停，停了三分鐘就冷場。講了三十三場，講到最後都害怕了恐懼了。老婆甚至放話，你還講咱就離婚。中國挑戰萬人體育館演講的人不多，我可能是這裡面為數不多的一個。」

其實，就算你能想像到那些日復一日聲嘶力竭的時光，你是不是有信念堅持並超脫，也很難說。所以，吳召國硬是挺過來了，並推著「思埠」躍上潮頭。

無數心血的累積，思埠發展到了今天的卓爾不群。這樣的思埠速度，甚至遠遠超出了吳召國當初的預計。

都說天道酬勤，這沒錯。但如果忘記了那獨具一格的敏銳洞察力和對大時代背景下「先機」的精準把握，僅靠一個「勤」字，也是枉然。

「你們知道嗎？我為我全國經銷商提供後期服務的人超過六百名，全職提供授權、稽查、價控等服務，這個平臺搭建很難，據我所知，目前國內絕大部分微商企業整個公司不過幾十個人，這是杯水車薪，遠遠不夠的，思埠光是每天提供海報的設計師都超過五十名。」

香甜背後的苦辣，又何止於這些？

「我很可憐，平常陪伴兒子的時間基本沒有。我一回到家，兒子見我第一句話就是吳總你好。旁邊人都在笑，其實我心裡酸酸的。哄了半天，他叫我吳總爸爸。前幾天我開著車去見一個客戶。兒子在旁邊看到我要走，說爸爸你不要開車，爸爸爸爸你不要上班你回家好不好？自己心裡很難受。人家說思埠奇蹟，二〇一四年是一個奇蹟，但這個奇蹟是我犧牲了多少天倫之樂和時間換來的。這一年基本上是每天都是夜晚兩三點才下班回家。還失眠，基本上是睡一個多鐘就睜開眼以為天亮了，其實還沒有。三點多才有睡欲，七點多就起來了。曾經為了事業忙的時候，四個月沒回過家見我兒子。我媽想見一下我，我也忙得抽不出時間來，唯有在我開會的時候，她過來看一下。」

其實，面對著思埠擁有了遍布全國甚至海外數十萬的經銷商這樣的奇蹟，吳召國依然無法釋然。

「有時候我說我不想成為多麼出名的人，不想成為馬雲，不想成為第二個誰，我只想成為我兒子心目中的英雄。但是這一個，目前還做不到。」

還記得吳召國八十歲的爺爺那淚滴幾欲奪眶而出的雙眼，老人家說：「怎麼不想孫子？想啊！他太忙了，回不來啊，有時候，心裡酸啊。」

天倫之樂，誰不盼？花前月下，誰不想？

吳召國很清楚，但他心裡明瞭，卻做不到。這似乎已經無關他個人的財富，是因為歷史的賦予？抑或良知的重托？

吳召國說：「一個人的成功不是成功，能夠帶領大家成功，才是成功！」

終於明白，那些在「思埠」的引領下，正在奮力逐夢的草根大軍，以及他們滿滿的夢想，才是答案。

這是答案，是「初心」，是「夢」。

6／收購黛萊美．先有市場再談品牌

思埠收購黛來美，是在二〇一四年六月。這是吳召國讓世界叫響「中國牌」大格局下的第一次品牌出擊。

這一擊，正中靶心。

黛萊美以自然美膚理念結合生物科技，基於「胎盤藥理學」以五種生長因數協同促進細胞生長，一經推出，她的腳步從內地、臺灣走向了亞洲，甚至是全世界。

吳召國為黛萊美的定位相當清晰：由國內一線藝人秦嵐傾情代言的黛萊美致力於打造為在全球範圍內具有超高知名度的產品，她的使命和意義就如同她名字一樣，將為更多的人帶來美麗。

其實，從另一個角度看，黛萊美也美麗了「思埠」。

實際上，早在開啟「微商」之前，吳召國已有自己的企業。而思埠從一開始就是自己做代加工，在其獨創的新型化妝品營運模式支撐之下，不斷推出新品，並迅速佔領國內市場，取得了不俗的業績。

比如，早在二〇一四年三月思埠開創新型獨創的化妝品營運模式之後，其旗下面膜不到一個月就躋身面膜行業前列。同樣不到一個月時間，思埠已經成為國內知名化妝品企業，旗下的「天使之魅」冰膜品牌，已經成為同行業翹首。

然而，吳召國覺得，這還遠遠不夠。

「因為在中國，沒有一個影響力品牌，現在是外國品牌在中國化妝品裡佔據了很大的市場，高端市場甚至是百分百佔據。我有點看不慣。我在十八九歲時，就看不慣。因為稍微中高層的朋友，都說是用美國、義大利的，一說用國產就掉價，不安全。沒品質。」

為什麼中國遲遲沒有自己的品牌？吳召國一針見血。

「中國的企業家往往都是先有了品牌再做市場，所以說從一開始他們就包裝、行銷，搞得非常好，但是沒有市場；然後很多企業都著力去打造高端，包裝高端，價格高端，在這一塊跟外國碰，是碰不贏的，中國很多老百姓也不會買高端的，這樣的品牌打造有什麼用，沒有市場。」

吳召國直接把視線定位在中國三到六線的城市。在他看來，這是根基！

「這些城市的老百姓對品牌是還沒有概念的。他們不會說你背著LV？不會，好看就行。那我就把定位放在這些三六線城市。如何走進去？通過交流會？沒那麼多錢，進超市也不可能，那我只有通過人傳人的方式，讓這些城市的老百姓自己來賣我的這個產品。」

這種戰略思維，恰恰契合了吳召國做微商的最初考量。結果，他發現，那些中國底層的老百姓，是最善良、最可愛的一群人。他們是永遠願意講真話的一群人，不像水軍拿了錢就說這產品多好多好。

「我們就是這樣通過人傳人，口碑傳口碑，初步佔有了中國三到六線的城市市場。有市場了，下一步就是打品牌。」

此時，對於吳召國來說，意味著到了該打造品牌的時候了。唯有品牌，才能凝聚並彰顯自己的理念和價值追求。

所以，他選擇收購「黛萊美」，因為經過時間積澱的「黛萊美」，已經初步佔據了市場的口碑高點，也初步積澱了獨特的文化內涵。

也正如他的預見，「黛萊美」面膜品牌在思埠旗下，依託龐大成熟的行銷網路，更依託繼續跟進的品質塑造，一經推廣便一炮走紅。同時，思埠旗下所有品牌都進入全國所有知名的B2C平臺，憑藉微平臺躋身面膜單品銷售全國前三名。此時的思埠，陸續在全國各地投資建廠，規模優勢步步提升，集團迅速進入發展快車道。

這就是吳召國的戰略構想，先有市場，再有品牌。

在他心目中，也唯有如此，在世界化妝品舞臺唱響「中國牌」的願望，才可能不會成為口號與激情過後的無根之木無源之水。

一盤大大的妙局，收購黛來美，只是一個開始。

7／圓夢金字塔．帶著草根一起飛

有人說，思埠構造的逐夢大廈，像一個金字塔。只是，這個金字塔，沒有尖頂。更嚴地說，更像一個巨型的平臺。

或者，這本來就是一個平臺，層層的疊加，逐漸地抬高。

在艱難的攀爬過程中，不是所有的人能夠堅持，也總有身手敏捷的人衝到了前面，這個平臺也就呈現出上窄下寬的形狀，自然地就有了坡度，變成了無尖之塔。

攀登在最前面的那個身影，就是吳召國。

吳召國，也是從最堅實的大地開始起步。

他找到了太陽升起的方向，一路攀援，並一路呼喚：來吧，我的兄弟姐妹，既然有夢，為何放棄追逐的腳步？

被稱為「屌絲」的一群草根，在夢想的召喚下，突破了作繭自縛的困窘，第一次意識到時代所賦予的逐夢的契機，於是，在「微商」的旗幟下，他們開啟了衝破苦難的求索。

他們盯著前方，那裡有思埠、有吳召國、有榜樣。

選擇草根作為呼喚對象，這是吳召國的理想。

因為，本就作為草根的他，他最清楚夢想被禁錮於苦難的徹痛，也最清楚那種渴望激情釋放的決絕。

從革命老區走來的吳召國，和大多數山裡孩子一樣，「貧窮」曾那麼深刻地一次又一次蹂躪著幼小的自尊。他也見到了無數的父輩們望洋興嘆般的無奈「任命」。但，這絕不是他的選擇。

↑帶著草根一起飛

「我要出人頭地，要改變自己和家庭的命運。」就是這最樸實、最堅硬、也最原始的訴求，讓他選擇了奔跑。

那是一群和他一樣有「渴望」的人，因為渴望而陷入迷茫。他把夢講給他們聽，也把怎麼去圓夢和他們一起分享。

「一個人最最幸福的事情是自己有夢想，並且有實現夢想的舞臺。只要有可能，我便會用充滿雞血般的正能量盡可能地感染周圍每一個失意的年輕人。」

「讓企業的夢想幫助更多的人實現夢想，你才能夠跑得更遠，你的夢想才能飛得更高」。

共同的痛和對痛超脫的決心，讓他選擇了最普通的家庭主婦、在校大學生、殘疾人、下崗工人作為一起衝鋒的戰友。只不過，當彈雨來臨，他把身板挺在了前頭。

創業是一個充滿誘惑的字眼，但對阮囊羞澀的人群來說，又是一種難言的重壓。思埠，則提供了徹底減壓的可能。

「思埠從一開始，就採用零門檻的方式吸引經銷商。我們從來沒有向我們的經銷商收一分錢的加工費、保證金。我們的零門檻就是讓他們突破自己踏出第一步。我們不給經銷商壓力，而是持續鼓勵他們，給他們灌輸一種正能量：永遠不要去抱怨生活，把抱怨的時間拿來去打造你的一個銷售管道。我們未來最遠大的目標就是幫助更多的社會最底層的人去創業。實現他們的創業夢想。」

草根英雄，才是草根群體的風向標。

吳召國無意成為「英雄」，但他清楚，他必須成功，哪怕微小的成功。是的，歷史和現實都很清楚地做了表述，失敗者何談「引領」？所以，莽莽荒野中，他披荊斬棘，趟出了一條看得見的路。

在那條越走越闊的路上，你終於看見——

思埠在飛，夢想在飛，思埠帶著草根一起飛。

8／夢圓之二：將廣告打到央視春晚

那是接近歲末的日子，喜訊傳來。

二〇一四年十一月十八日，中央電視臺二〇一五年黃金資源廣告招標會在北京舉行，思埠集團成功中標，喜獲央視二〇一五年春晚黃金招標廣告，將於中國中央電視臺春節聯歡晚會七點五十八分、大年初一到十五面向全國人民，給全國人民拜年。這是民族企業思埠集團首次登上世界收視率最高點，意義重大、影響深遠。

思埠的小夥伴們揚眉吐氣，奔相走告，用無以言表的雀躍，刷爆了朋友圈。

思埠的小夥伴們不知道的是，中標的那一刻，吳召國和集團副總裁馬銳，在中央電視臺的黃金資源廣告招標的大廳，相擁而泣。

淚水狂飆，稀釋不掉的是喜悅，稀釋掉的是曾經的流言蜚語、蜚短流長。

大家都清楚，春晚無論在演出規模、演員陣容、還是在播出時長和海內外觀眾收視率上，都是舉世無雙、震撼全球的頂級晚會。春晚，是中國觀眾在除夕夜裡不可或缺的「年夜飯」。

為了這一刻，吳召國隱忍了很久，很久。

讓時光倒流，推回到半年前。初創之時，思埠沒有多少錢，也沒有能力去做高端推廣。在「酒香也怕巷子深」的當今社會，沒有高端的廣告推廣，真正讓一個民族品牌立於不倒之地，那是幾乎不可能的事。

再三掂量之後，吳召國小心翼翼地捧著六七萬元來到湖南衛視，做了《越淘越開心》欄目的廣告。

從湖南衛視打完廣告回來之後，吳召國立即把「思埠是一個湖南衛視上榜品牌」寫在海報上。

「很快，就有很多同行加了我的微博留言嘲笑我、辱罵我，說『裝逼什麼，兄弟，有本事你把廣告打到央視春晚去！』當時我心裡想一定要做到春晚廣告。二〇一四年十一月十八號，春晚19：59分的廣告被我們成功拿下，十五秒的時間內，我、馬銳和代言人林心如一起在電視機前向全球十幾億的華人拜年，這個時間段的廣告會從正月初一放到正月十五。我們又一次證明了自己。」

證明，很多時候是源於實力。

也就是那次的湖南衛視之行，促成了吳召國與馬銳的結緣。

「當時我對馬銳說，你相不相信我的產品一定可以成為中國第一，馬銳沒說話，還冷冷地看了我一眼，我說我一定要做一個最好的公司，有機會邀請你到我們公司任職。」

↑投標時刻

還真是造化使然，吳召國自己也完全沒有料到，三個月之後，素有「內地第一美妝王子」之稱的風尚美學創始人馬銳，果真就放棄了自己所有的演藝事業，正式與廣州思埠簽約，成為思埠的全職副總裁。

也正是馬銳的出現，讓思埠的電視推廣戰略走上了一條更為成熟高效的快車道。之後的思埠，繼續向央視7、央視3、央視1、TVB翡翠、東方衛視、湖南衛視大舉進軍，可以說，一方小小的螢幕，讓思埠走進了中國的千家萬戶，其品牌號召力有目共睹。

一切似乎只是剛開了個頭，思埠製造的轟動效應接踵而至。

思埠集團獨家冠名的2015CCTV網路春晚也於二〇一五年二月十一日在www.cctv.com全球網路首播，此後還在CCTV-1/CCTV-2/CCTV-3/CCTV-4春節期間分別播放，播放期間會穿插思埠集團廣告，思埠所投放廣告覆蓋全網，讓廣大消費者無論身在何處，只要打開電視、網路都能看到廣東思埠集團為新春佳節傾力打造的一系列廣告。

思埠高端的電視推廣戰略，就像隱形的翅膀，經意與不經意間托著思埠，扶搖直上九萬里。

也因為思埠的橫空出世，中國整個化妝品江湖，正氣傳揚，風生水起。

9／做最有愛的企業

吳召國一直記得那只漂亮的鉛筆盒，那是一個「衣錦還鄉」的叔叔的小贈品，還在上二年級的他，揣在懷裡不停地摩挲著，那種滿滿的幸福感持續了整個夏天。

他那時就和自己說，長大了他也要製造這種滿滿的幸福感。

吳召國也記得那些山和山腳下的小村莊，還有木訥又樸實的鄉親。當然，還有那座略顯破舊的教堂。

他信基督，他一直念叨的是「愛人如己」。

當有一天，吳召國和思埠融為一體的時候，這樣的愛，便山泉般和諧輕快潺潺不息地流淌起來。

所以，吳召國一次次和別人說：「思埠，不一定做最成功的企業，但一定要做最有愛的企業。」

桃李無言，下自成蹊。

對吳召國來說，那是一次深刻的醒悟。二〇一〇年，他隨一個團隊去浙江資助一個山區學校裡的孩子。那裡很多孩子都是父母離異，因為當地貧困，很多人只能從很遠的地方娶一個媳婦回來，因為太窮，那些娶回來的媳婦大多生完小孩就又跑了。

「我們去那邊給他們一些錢，捐贈一些圖書，一些電腦等。後來我們走的時候，很多父母都過來了，鄉親們特別淳樸，一個阿姨甚至給我跪下了，其實就是給她家捐

↑大不了從頭再來

了三千塊錢，但這三千塊錢可能是她家一年的收入，自己內心裡很感動。覺得自己以後一定要做慈善。」

那一刻的突然醒悟，是幸福和溫暖，並不關乎什麼名和利。

「他們也沒有什麼很華美的話來給你，特別淳樸。」

吳召國說他骨子裡是一個很感性的人。

昆山的工廠發生爆炸的時候，思埠的義工團第一時間走向了捐血的現場。而吳召國做的是，給每一位捐血者，獎勵五百元。

「有時候我開會的時候，我就拉一個人去講一講他家的故事。有一個人二十三歲，下半身癱瘓，上半身能動，他母親為了給他治病欠下了很多債。他感到很絕望。說欠了巨債。我心裡也沒底，巨債究竟是多少錢？我心裡想著幫他還上。我說你欠多少錢，他說欠人家一萬塊錢。我驚訝了，說得那麼悲慘，當時我覺得我們一點點的錢，其實能改變人家的生活很多。我就拿出來一萬塊錢隨即給了他，他哭得一塌糊塗。他心目中的一萬塊，可能等於我們的一百萬、一千萬。」

「還有一個女的，她說了她的故事。說她老公當時去出差了，一個電話打來說她老公出了車禍，她以為是騙子，說不可能，十分鐘前他還跟我發短信、發微信。第二天員警過來了，她知道是真的，然後哭了。她有兩個孩子，她也沒有工作，我當時就立馬拿了身上的五千塊錢給她。她就上來要跟我合影，我說我不是作秀，不需要這些東西。後來她在我們的公司，通過她自己的努力，一個月已經可以掙四五千了。」

能把一個民族品牌企業做到那樣的聲勢，顯然，沒有理性的支撐是斷然不可能的。或許，我們應該把他的感性，理解成天性，抑或俠骨柔情。

在思埠，人人都知道有一個「救命救急」的基金。

「在思埠內部，有一個專門針對經銷商的幫扶基金。哪個經銷商遇到大病大災，我們會給他捐助一些錢。其中一個經銷商，摔了一跤，很嚴重，要去醫院，他那時候比較艱難連掛號的錢都沒有。我們緊急給他撥了一萬元，先把人送到醫院躺下來接受治療。

之後十分鐘時間裡，我們又為他募捐了六萬元緊急打過去，但人已經去世了。後來我說，我們雖然之前不認識你，但你也是我們的一員。我們就把這錢給了他的姐姐。」

這樣的愛心付出，在思埠，還有很多。

「有一次我們開經銷商交流大會，殘疾人網上創業與就業孵化基地團隊參加完會議後，來到思埠集團總部參觀，我瞭解到他們的情況後，感動不已，他們活在這世界上，很難有尊嚴，沒有地位，沒有收入，甚至家庭也拋棄他們。但他們頭腦是健全的，只是身體上可能有殘缺。他們最

希望的並不是別人給他多少錢，而是最希望自己有一份工作，能養活自己和養育父母，像正常人一樣。我當場叫來集團財務總監現場捐了十萬元人民幣給他們，並表示會繼續幫助他們，無償提供殘疾人網上創業與就業機會。」

「我們公司可能要在未來做一個內部股份制改革，屆時將會做到全員持股，讓每一個員工都成為我們自己企業的股東。同時，我希望每一位員工在企業裡能持續成長。所以，我們不斷引入一些高精尖人才帶動員工共同成長。我非常自豪地說，公司成立至今，我們的員工流失率不超過百分之一。只有感受到企業的關愛，才能真正把企業當成自己的家，並為之努力奮鬥。」

那些被幫扶創業的殘疾人會記得，思埠上千個義工團所踏遍的土地會記得，吳召國的「愛人如己」，思埠的「打造最有愛的企業」，並非說說而已。

10／夢圓之三：明星戰略：四大美女助威思埠

追星，並不是孩子們的專利。因為「星」光之下，有太多美好的東西讓人嚮往，讓人欣賞。在當今這個時代，很多時候，明星的號召力，尤其是口碑絕佳的一線明星的號召力，甚至呈現摧枯拉朽之勢。

思埠之初，儘管產品品質無可挑剔，但因為沒有代言人，就沒有知名度，仍然有不少消費者不買帳。別有用心者，則開始了各種牽強的詆毀。

「我知道，你要走得更好，就必須要承受別人對你的流言蜚語，當時我就想要去簽更多的明星。」

吳召國的「想」，可不是漫漫長考。

商機稍縱即逝，落後一步，結果就可能是全盤皆輸，他深諳其道。箭在弦上，他微微一笑，輕輕鬆開食指。

於是——

楊恭如因「愛心」與思埠結緣，代言「天使之魅」；

秦嵐以飽滿的暖意，代言「黛萊美多重修護面膜」，讓黛萊美品牌美麗綻放；

袁姍姍以呵護之心，代言「紓雅」，傳遞不一樣的體貼；

林心如重磅出擊，代言「黛萊美煥彩水潤無瑕BB霜」，宣告了新一代BB霜的與眾不同。

當眾企業選擇明星代言還停留在整體概念階段，思埠則選擇了單品代言的模式，這就決定了在「思埠出品，必屬精品」的大框架下，各領風騷的單品出擊格局，可謂花開朵朵，朵朵流彩。

一時間，思埠旗下品牌熠熠生輝，在明星的引領下，漸入人心。

仔細揣摩就會發現，吳召國選中的這四位女星，無一例外都美輪美奐，又都與「慈善」息息相關，與思埠的價值理念絲絲相扣。

「我特別喜歡袁姍姍說的一句話，『萬箭穿心，習慣就好』。我們的品牌從沒有知名度、沒有代言人到簽到四個代言人，只用了六個月的時間而已。」

思埠集团
昊懈可击 绝版青春 明道致远 不忘初心
星耀思埠开启新征途暨

中国时尚权力榜
FASHION P
发现·

岚动我心
全新黛莱美
2014年思埠集团全国经销商交流大会暨
黛莱美

吳召國輕輕說來，一臉淡定。六個月的時間，歷經「萬箭穿心」的砥礪，吳召國已經學會了從容。

借助明星的號召力，塑造不凡的品牌，思埠所做的，還遠不止於代言——

辣媽葉一茜聯手美妝王子，助陣思埠美麗大揭秘；

美妝王子馬銳攜手人氣歌手劉力揚，共赴思埠盛夏時尚大；

人氣歌手海鳴威助唱思埠，共創共用共榮；

人氣歌手後弦助陣思埠經銷商大會現場；

璿動天下信手拈來思埠國際影星葉璿明星見面會；

心感恩齊奮進思埠與著名影星賀軍翔明星見面會；

王者歸來，「吳」與倫比經銷商交流大會之楊怡見面會；

思埠董事長吳召國先生登臺《非你莫屬》；

……

思埠副總裁馬銳受邀擔任東方衛視《女神的新衣》的評委；「思埠相約二〇一四中國時尚權力榜」，楊瀾、鄭曉龍、鄭鈞、楊冪、秦嵐、金大川、陳妍希、陳曉東、李晨、張曉龍等重量級明星、名人現身頒獎盛典，現場星光熠熠；「我們的夢——夢圓東方」二〇一五東方衛視跨年盛典由黛萊美煥彩水潤無瑕BB霜獨家冠名，黃曉明、許巍、李敏鎬、鹿晗、Angelababy、鐘漢良、周筆暢、韓庚、楊坤等多位明星將傾情加盟，全新打造大型全景式立體互動舞臺，給現場和電視機前的觀眾帶來超凡的互動體驗與視覺震撼，帶給觀眾不一樣的璀璨跨年之夜。

口碑不只是感受，更是美好感受的複製與傳播。借助媒體強大的傳播力和明星獨特的感染力，品質致勝的思埠，想不火，都難！

11／全鏈條控制・品質就是生命

萬丈高樓平地起，源於它的基。

龐大的明星陣容助陣，精妙的促銷戰略實施，離開了品質，也只可能是無源之水，無根之木，隨著時間的推移，所有炫目的光環都會在消費者理性的審視中，灰飛煙滅。

消費者對於品質的追求從來都是苛刻的，吳召國和他的思埠人，深深懂得這一點。

「任何一個生意，任何一個行業，你的行銷方法再好，你的員工素質再高，如果你的產品不行他也是一個零。所以說我們永遠記住一句話：產品的品質是我們的生命」。

正如吳召國所說，沒有人也沒有哪一個有良知的的企業，不會去珍視「生命」。所以，從一開始，思埠就緊緊抓住「品質」這個牛鼻子，牢牢不鬆手。即便是思埠出品在已經得到市場檢驗、美譽度不斷提升的今天，吳召國和每一位思埠人始終將產品品質放在第一位。

「打個形象的比喻，我們在修建行銷管道的同時順便把水井也挖好了。目前，我們已經控股了多家企業，涉及整個化妝品生產的上游企業，原材料企業、加工企業，包括跟海外原材料的購買，整個採購過程全部由思埠完成。原材料的購買、生產、加工、銷售，整個過程由思埠掌控，所以說產品品質永遠是我們的生命，產品品質掌握在我們核心手中」。

這也正是思埠杜絕管理死角的全鏈條品控模式。支撐這個模式的則是業內最優秀的人才，最科學的

↑精益求精

理念，最先進的設備，最靈動的創意，最優質的材料，最有愛的團隊。

當然，還有那些為了夢想為了美而苦苦耕耘的思埠經銷商，他們用最貼心的服務，為「品質致勝」又加上一個砝碼。

中國品質萬里行電子雜誌市場調研中心對思埠集團的服務、品質進行嚴格審查後，得出的結論是：思埠集團在產品品質、客戶滿意度等方面都達到甚至超過品質示範單位的標準要求。

思埠集團因此榮獲由中國品質萬里行電子雜誌市場調研中心頒發的「品質信得過單位」、「誠信單位」。

一個企業的發展，尤其一個民族企業的壯大，離不開政府相關部門的支持，這一點，吳召國認為很關鍵。

「思埠所在的廣州市對我們的扶持力度很大，政府部門專門成立工作組針對我們企業及整個行業的發展給予全方位幫助和服務，通過各種便捷的『綠色服務』讓我們企業的發展沒有後顧之憂。」

創新是一個民族進步的靈魂，創新也是企業、個人最終實現理想的源動力，這一點在思埠得到了最好的體現。

「思埠集團自創建以來便重視研發創新，採取自主創新和引進技術相結合的辦法引領潮流。集團目前擁有領先技術的自動化高產率的各類產品生產線一百多條，集團不斷以領先的技術和豐富、提升著中國化妝品的品質。」

基於思埠的全鏈條品控模式，也基於不竭的創新動力，所以思埠有勇氣說「思埠出品，必屬精品」。

這是思埠的承諾。

以「品質」為前提，吳召國首次提出微信行銷概念，並通過這一新的行銷模式打造了出無數的創業先鋒、百萬富翁，面膜美容行業也創造出了一個又一個神話的數字，不到一年時間，創銷售額近百億。

以「精品」為基礎，思埠通過天使之魅、黛萊美系列產品達到一個又一個銷售高潮。不到一年時間，思埠已成為家喻戶曉的民族一線品牌。

以「品質」為先導，思埠成為一個創造奇蹟和神話的地方，給八〇、九〇後草根帶來了創業的激情和創造奇蹟的平臺，成千上萬的人在思埠的平臺上為夢而歌，並逐夢前行。

12／夢圓之四：思埠盛典唱響人民大會堂

這是吳召國心中的一個結。

他要在人民大會堂唱響思埠的盛典，他要在那個莊嚴的地方，向世界證明思埠的莊嚴。

這也是他的一個夢，他要把這個夢圓給自己，圓給思埠，也圓給理想。

「思埠剛成立時，每五天就要開一場會告訴我們經銷商怎麼去做微商，我們經銷商九十％以上都是最基層的家庭主婦，所以需要跟他們培訓怎麼去做。但那時我們培訓的地方很差，開會的地方就被別人詆毀成『老鼠窩』、『傳銷窩』等，當時我指著電視上的人民大會堂說，二〇一四年我們思埠的年會一定要在那裡舉辦。他們問我在哪裡，我說就在人民大會堂，所有人都說吳總你腦袋是不是被驢踢了，腦袋不正常，有人還問人民大會堂是廣東中山的嗎？我說不對，是北京人民大會堂！」

這是吳召國諾言。

他做到了，酣暢淋漓。

「中國夢 思埠夢」二〇一五思埠夢想盛典於二〇一五年一月二十四日晚七點在北京人民大會堂隆重舉辦，此次盛典逾萬人參加，邀請了來自全國各地的經銷商、知名企業的負責人、業界知名人士、知名媒體人等，由央視著名主持人撒貝南、北京電視臺著名主持人春妮擔任主持，更有秦嵐、張韶涵、周傳雄、金澤男、李丹陽等巨星助陣。

一場盛會，彰顯了中國夢與思埠夢的緊密相連，詮釋了思埠對愛與夢想的堅持。

「一切就像是電影，比電影還要精彩！」吳召國的開場白，難掩內心的激動。

「從新埠村到人民大會堂，坐飛機只需要兩個小時，而我走完這段旅程，用了整整二十八年。」

二十八年，風雨無阻地奔跑，二十八年，從不遺落黃土地上涵養的初心，這樣刻骨，又這樣清澈。

有人說，中國人這輩子一定要來一次京城，在這個魅力四射的帝都，每個角落裡，甚至每一扇窗子，無時不刻不在講述著有關夢想的故事。

所以，沿著這個故事的跌宕起伏，吳召國的思埠，在寒冷的冬天，身著盛裝，漫步京城。

對吳召國來說，其實也只是漫漫長途中，一個小小的驛站。

作為全國第一家在人民大會堂召開盛典的新媒體電商企業，思埠夢想盛典分為三大篇章：夢開始的地方、追夢的青春、放飛夢想。站在「夢開始的地方」，吳召國把寄語寫在了北京。

「只要堅持夢想，堅持為夢想勤奮拼搏，每一個夢想者都能超過九十九%的人，翻山越嶺，觸摸雲端，用一%的光芒照亮整個黑夜的天空！」

↑圓夢人民大會堂

像一個演說家，又像一個披荊斬棘的勇士。實際上，不是像，而是yes。

站在人民大會堂炫目的舞臺上，吳召國講了他的初心，講了他的夢。而他，置身炫目的燈光下，也幻化成了一個夢，一個象徵。

「我來自武漢，出門時我就穿一件毛衣從武漢來北京，剛來北京的時候覺得好冷，但絲毫不影響心情。以前我也來過北京，但是從沒去過人民大會堂，心情非常興奮，這一定會是畢生難忘的京城之旅！現在真的非常開心自己能加入思埠這個夢想舞臺，希望思埠越來越好，二〇一五年，思埠家人一起過！」

現場一位身穿思埠羽絨服的年輕小夥激動地講述著自己的心情，他明亮的黑色瞳孔裡充滿著期待。他是來參加此次夢想盛典的思埠家人，帶著對思埠的愛及希望來到了北京，相信這次盛典已成為他一生值得懷念的京城回憶！

「我來自鄭州，這次過來北京心情特別激動，剛下飛機的時候北京風很大，但是想到思埠夢想盛典，心裡就暖和多了，感謝思埠！希望思埠這個代表夢想的集團能在二〇一五帶來更多奇蹟，帶著思埠家人們一起進步，跨出一大步！」

↑吳召國站在人民大會堂講述思埠之夢

一位來自鄭州的女生興奮地說著自己的心情。

在北京，在這個寒冷的冬天，在一個根本無需再去證明的時刻，吳召國漫步長安街，又一次想到了新埠村。

13／機遇，不僅僅是機遇

吳召國是不是第一個微信行銷的試水者，已無從考究。

吳召國一定是把微信行銷吃得最透的那個人，這個可以肯定。吳召國第一次提出了「微商」概念，並把「微商」事業做成中國的第一，這個也可以肯定。

微商的風起雲湧，最終也只是大浪淘沙，更多的成為了潮水退去後，沙灘上斑斑點點的痕跡，有的甚至悄悄遁去，了無蹤跡。央視稱吳召國為「中國微商第一人」，儘管他不置可否，但業界並無異議。

因為在「微商」大軍中，他走在了最前面，成為引領。前仆後繼的大潮中，獨立潮頭的，為什麼會是他？

吳召國脫口而出的兩個字就是「機遇」。

「機遇，也就是這個時代。央視等媒體說我是微商第一人，其實經營微商企業，我不願意做第一人，因為第一挺危險。再往前推，是八九月分的時候，人民日報對我做了一個訪問，也說我是中國微商第一人。我不能說我自己是微商第一人，也不能說我創造了微商，只能說，思埠奇蹟，是時代造就了英雄。就像當年的阿里巴巴，是時代造就了馬雲。當然他是抓住了歷史際遇，就是在合適的時機用合適的方法，做最合適的事情，我們也是一樣。」

在合適的時機，用合適的辦法，做合適的事，聽起來似乎很簡單，但一旦付諸實踐，我們就會發現，且不說「合適」二字該用怎樣的豐富理論來支撐，僅僅去發現「合適」，又該是一雙

↑地方政府有關負責人視察思埠

怎樣的慧眼？

你不得不承認，前瞻以及對移動互聯網時代的洞察力，這是吳召國的稟賦。

所以，當很多人還無奈地唱著「借我借我一雙慧眼吧」的時候，吳召國早已走在了開疆拓土的路上。

無論如何，吳召國成了那個「合適」理論的踐行者，並在踐行中引領者思埠不斷向前。而一路飄紅的業績，並沒讓他頭腦發熱，飄飄然於安逸。

「我很清醒。別人說你各種捧場的話，把你捧得很高很高，但我清醒自己是一個什麼樣的人。你要清醒，你要落地。如果你太沉迷於虛的東西，那你這個企業和老闆都做不好。所以我很清醒，我看人家把我排在誰誰的後面，與誰誰並列，我很反感。我現在也不穿名牌衣服，也不西裝革履，背個雙肩包就去上班。任何時候都是最樸實的穿著。還是要落地，其實這種生活挺好的，幹嘛把自己搞得那麼累。」

「很簡單，就是想帶大家賺點錢，讓這些底層老百姓也有個機會，改變自己。」

僅僅是機遇，那麼對任何人都是公平的。機遇面前，有視而不見，有望而卻步，也有半途而廢。那雙「慧眼」讓吳召國發現了極其隱晦的大勢所趨，那份執著，讓他挺過了起步時的風雨飄搖，那份「初心」讓他第一個撥開層雲，觸摸到了廣闊的天。

「我們取得成功的原因，除了通用的勤奮、吃苦等，就是我們用了企業營運的方法來操作，而其他很多就是粗放型操作，他們以賺錢為目的。他們就是代理一個品牌，賺點錢。而我們是從企業打造角度，在我們還沒有賺錢的時候，就捨得花錢去投放廣告，投幾千萬去找代言。最主要是，我對這個行業非常熟悉。我做了九年的化妝品，兩年的互聯網，其他的人要麼就是做了化妝品卻又不懂互聯網，要麼只熟互聯網對化妝品不熟。只有我既懂產品又

↑行業協會領導視察思埠

懂互聯網。結合在一起，我也懂新媒體，會演講。在中國甚至在世界範圍，每一個成功的企業都有一個成功的企業演講家，這是不可抗拒的規律。任何一個企業，成功的企業，都需要一個高層的演講家在推廣這個企業的價值和文化。還有一個就是，我們從一開始就是一個非常正規的公司營運模式，沒有任何的偷稅漏稅。納稅多了，政府就會支持你，政府支持才會更好做。」

「微商」的企業化運作，這一出手，已經站在了格局的高端；對化妝品和互聯網的熟稔，這一起步，就贏得了兵貴神速的時間；演講家的情懷和思辨，這一張嘴，就激發了尋夢者的觸點；誠實地為企業證名，這一守規，就把道義寫在了肩頭。

縱橫交錯的棋盤上，環環相扣，吳召國落子的那一刻，已經看到了中盤，也已經預見到了終盤。

當然，思埠的終盤，在遙遠之外的遙遠。

能夠讓一個人對一件事情產生近乎儀式感的癡迷，一般來說，內心深處總會潛在著一股原動力。

「一開始是為了改變自己的生活狀態，因為窮而創業，不想被人歧視。當然那時候也有理想，小理想就是能夠改變自己的生活，大理想就是能夠打造屬於自己的集團。到現在，物質條件已經夠滿足了。現在就是為了大理想而在打拼，就是我希望有一個平臺在運行，讓大家有就業的機會，這個平臺就算我人不在了也依然在運作，能夠幫助更多的人去成功。以前的時候，看央視採訪名人、大家，什麼為了中國為了社會，覺得很空很泛，但是真的走到了這一步，我不覺得這是假大空的東西。因為幫助更多的人成功，是一種快樂。」

用力量去激發力量，用夢想去點燃夢想，用大愛引領大愛，用心去感受心。這，正是吳召國的「原動力」，也是他的快樂，他的初心。

二〇一五年一月十二日，廣東思埠集團被中華全國工商業聯合會美容化妝品業商會指定為微商教學基地，這也是中國第一個微商教學基地。

「思埠集團特別設立服務中心，安排專職工作人員，負責微商從業者的培訓報名、諮詢、並推薦就業，為企業與勞動力之間搭建一個良好的服務平臺，正確引導微商從業者規範運作、規範我國民族化妝品品牌微商市場秩序，同時也將培養更多的優秀微商從業者、促進微商行業健康有序發展。」

能夠快樂著自己的事業，對吳召國來說，是幸福的，對思埠和思埠家人來說，則是幸運的。

14／夢圓之五：做一個上市公司

二〇一四年三月，思埠註冊的時候，吳召國只有五十萬的註冊資金，十五萬的啟動資金，那些錢，也有拼湊的部分。

也就是那個「寒酸」的時候，他說，他一定要做一個上市公司。

「可當時我說我一定要成為集團公司，一定要走上市路線，沒有人相信我的夢想，但是現在思埠已經上升為廣東思埠集團，註冊資金一個億，並且我們旗下擁有黛萊美工廠，思埠無紡布工廠，目前已經是廣州數一數二的工廠。」

當他說出他的「夢」的時候，他得到了很多的不屑甚至嘲笑。但對一個信念特別執著的人來說，心不動，風又奈何？

剛剛跨進二〇一五年的門檻，吳召國的上市夢，就真真切切地變成了現實。

這要從思埠控股幸美股份說起。吳召國說，控股幸美股份，從動議到最終敲定，只用了二個小時。

「主要是因為幸美郭總的思維跟我是一樣的，在之前我接觸到的企業比他大的也有，做得精的也有，但那些老闆跟我見面談的都是賺了多少錢，利潤有多高。只有郭總跟我談的是民族品牌。我們都想做一個民族品牌。然後我們看到了他產品的品質，他企業的模式，都很好，都是實在的在做實業。所以我決定了我們的合作，一拍即合。」

不妨讓我們認識一下「幸美」。

廣東幸美化妝品股份有限公司作為中國化妝品保養風潮的開創者，一直被業界喻為行業科學發展模式的思考者、實踐者與先行者。多年來，幸美股份一直專注於研究、生產、銷售美容化妝品，並與臺灣地區、日本、法國等多家頂尖科研機構進行合作，現有廣州通盛達化妝品有限公司、廣州碧潤美化妝品有限公司、廣州靜美生物科技有限公司三間全資子公司，旗下有植美村、泉潤及幸美等傳統管道品牌，並同步推行日化線、專業線、電子商務、整店輸出等多管道並行，以滿足廣大消費者的日益增長的護膚需求，奠定了幸美股份在中國美妝業的領航者地位。

幸美股份董事長郭雷平先生作為植美村、泉潤、幸美品牌的締造者，全心致力於美妝行業的發展，力求塑造東方女性的自然美態，不斷開創化妝品行業的先河。植美村品牌創立多年，瞭解精緻女人的要求，匯聚百花之源、百草之萃，為昇華東方女性之美思而不竭。肌膚如水泉潤我心。泉潤以精準的定位打造國內第一補水品牌，明智選擇差異化戰略，將崇尚自然的生活理念融入到產品之中，開創了「以水養肌以水療膚」的護膚理念。幸美品牌以極致品類主導市場，用全球獨家專利技術做支撐，開發出超前的「裸洗」潔面乳。突破了原有品類同質化的禁錮，創造藍海市場，為全球女性帶來不一樣的裸洗感覺。

「人當法水，心常樂善仁」，不爭、處下、包容，大愛之根本，上善若水，幸美之所崇也，愛同事，愛企業，愛社會，幸美之愛，無所不在。這是「幸美」的理念，也是幸美的文化。

所以在業界，有人說，幸美的高度，就是中國美妝業的高度。幸美的高度，更是世界的高度。

幸美股份是目前全中國第一家護膚品企業在新三板掛牌的準上市公司，目前中國也只有兩家護膚品企業在新三板掛牌。

吳召國能夠看中幸美股份，也算是眼光獨到。

「二〇一五年一月六日，思埠成功控股幸美股份，成為準上市公司，當時很多人發短信給幸美的郭總，冷嘲熱諷，

↑思埠董事長吳召國攜手幸美股份董事長郭雷平再創輝煌

說你一個十五年的企業被一個八個月的企業兼併了之類的。但是我想跟各位透露一下，我們與植美村新推出的套盒，目前首批訂單已經超過三百萬套，關鍵還沒正式推出呢，就已經訂單爆炸了，老郭現在天天玩命地在生產，員工三個班的產量也滿足不了我的需求。我想告訴各位的是，你的企業要想繼續做大做強，必須學會資源整合。幸美和思埠的聯姻將會在化妝品行業產生核爆炸一樣的威力。這只是思埠的開始，遠沒有結束。還有一件事透漏給大家，黛萊美BB霜上市第一天就打破了國內護膚品訂單紀錄。這是前無古人的行銷事件。」

最新的消息是，思埠集團聯合旗下控股的幸美股份出品的「以愛之名」——植美村致美煥顏保濕優惠禮盒於二〇一五年一月二十八日傾情上市，首日銷售額突破六千萬元！再次刷新中國民族護膚品牌單日銷售紀錄，開啟美肌新紀元。

這是繼思埠旗下黛萊美煥彩水潤無瑕BB霜於二〇一四年十二月十五日全球首發驚豔上市，當日訂單額就突破三千萬元這個全國紀錄之後的再次刷新。

雙贏的結局，註定會在思埠的發展史甚至中國民族護膚品牌發展史上，留下濃墨重彩的一筆。而「幸美」與思埠強強聯手之後的巨大威力，已經在中國的化妝品領域，掀起了巨浪。

從這一刻起，思埠將不再推出新的品牌，而是致力於將旗下品牌打造到極致。從這一刻起，思埠正式宣告進軍資本市場。

還有多少紀錄，等著思埠去刷新？沒人知道。

15／那些綴在枝頭的果

走進沂蒙山區，你會發現一些婆娑的柿子樹，散布在坡坡崗崗。到了金秋季節，葉子漸次脫落，只剩下橘紅的果子綴滿枝頭。

風起時，果子牽動枝椏，一片橘紅搖曳，搖出醉人的秋。

兒時的吳召國，不止一次仰望過柿子的橘紅，但不是因了賞秋。在那些很不富足的日子裡，似乎每一縷風，都裹挾著對於美味的覬覦。

他會拼命搖動樹幹，等著熟透的柿子墜落，或者乾脆爬上樹去。

而此時，在嶺南，正是荔枝龍眼飄香的季節，除了綴滿枝頭的沉甸甸的收穫，還有那一片片的綠，秀了河山。

思埠，就像一棵秉承著北國性格的樹，在南方以超乎想像的速度，不斷伸向雲端，去觸摸星空。每一天都是成長的節奏，每一天也都是掛果的節奏。

吳召國伴著這棵樹，把根深深地植入大地，一天天積蓄，也一天天爆發，也一天天以仰望星空的姿態，努力撥雲見日。

所以，榮譽也追隨著花香，與思埠、與吳召國不期而遇。

羅列，其實是直接也最明瞭的旁白。關於思埠，關於吳召國，還有這些——

二〇一四年五月二十六日，廣東思埠集團旗下品牌天使之魅榮獲二〇一四風格盛典《風格品牌獎》。

二〇一四年九月十八日，廣東思埠集團旗下品牌參加第四十一屆廣東國際美博會並獲得「中國面膜新勢力推薦品牌」稱號。

二〇一四年九月二十三日，廣東思埠集團董事長吳召國接受中國全球華人企業家聯合會的邀請，正式擔任中國全球華人企業家聯合會副會長。

二〇一四年十月三十一日，廣東思埠集團獲得中國全球華人企業家聯合會授予的「中國最具成長力企業將」。

二〇一四年十一月七日，廣東思埠集團榮獲CHBA中國美髮美容協會授予第五屆理事單位稱號。

二〇一四年十一月，廣東思埠集團旗下品牌天使之魅榮獲PCLADY十周年時尚盛典年度面膜人氣大獎。

二〇一四年十一月十日，廣東省美容美髮化妝品行業協會授予廣東思埠集團董事長吳召國協會副會長榮譽稱號。

二〇一四年十一月十日，廣東思埠集團榮獲中國品質萬里行電子雜誌市場調研中心頒發的「誠信單位」稱號。

二〇一四年十一月十日，廣東省美容美髮化妝品行業協會授予廣東思埠集團為協會副會長單位。

↑2015年1月13日，廣東思埠集團董事長吳召國榮膺「中國微商年度渠道貢獻獎」

二〇一四年十一月十日，廣東思埠集團榮獲中國品質萬里行電子雜誌市場調研中心頒發的「品質信得過單位」稱號。

二〇一四年十一月十九日，廣東思埠集團旗下品牌黛萊美榮獲第五屆「中國最受大學生歡迎TOP品牌」獎。

二〇一四年十一月二十二日至二十六日，廣東思埠集團直通紐約時裝周（中國站）黛萊美作為時裝周唯一指定護膚品品牌。

二〇一四年十一月二十二日，廣東思埠集團旗下品牌黛萊美榮獲「最具影響力化妝品品牌」大獎。

二〇一五年一月十二日，廣東思埠集團董事長吳召國被中華全國工商業聯合會美容化妝品業商會授予「中國化妝品領袖主席團品牌副主席」稱號。

二〇一五年一月十二日，廣東思埠集團被廣東省美容美髮化妝品行業協會授予「特別貢獻獎」。

吳召國說，他很感恩那些善意的褒獎。但，屬於昨天的的東西只適合昨天去品味，只有雲煙散盡，才可以看得見天有多高，夢有多遠。

相對於這些榮譽，他更願意記住，兒時那一碗又一碗金黃色的玉米糊糊，和過年吃得上吃不上的那頓餃子。

16／未來，很遠很遠

思埠的二〇一四，可以用輝煌來定義。而對吳召國來說，他是沒過多時間回眸的，他怕在回眸中丟失了前行的方向，在忘乎所以的陶醉中，沉沒。

作為個體，他也許可以仗劍江湖，意氣方遒。但作為思埠的舵手，他只能注視著航向，躲開那些礁石，那些暗流。

未來的思埠，在哪裡？

「馬雲通過淘寶改變了中國人的購物觀念，從線下轉變到線上來購物。我們思埠最大的夢想和目標就是能夠豐富消費者的購物觀念——從電商到微商，從電腦上購物轉變成從手機上進行購物」。

吳召國這樣描繪思埠未來發展的藍圖。

「在實現中華民族偉大復興的中國夢進程中，我們企業所能做的就是真正把自己的品牌打造成國際性品牌。我們要讓消費者明白，中國人同樣能生產出世界一流的化妝品。」

然而，這並不是思埠未來的全部。

「和幸美的合作就是釋放出一個信號，思埠只是一個平臺的提供商。從牽手幸美的那一刻開始，我將不再推出自己的品牌，只和國內頂尖的護膚、彩妝等品牌合作，思埠最終會成為國內最大的品牌營運商，為思埠經銷商提供所有國內頂尖的護膚品品牌。所以，如果有一天思埠經銷商在思埠這個平臺上面銷售國外的著名護膚品品牌，大家也不要覺得驚奇。思埠也願意為品牌商提供微商營運平臺，我所帶給你們的是全管道營運。」

一個平臺，或者說一個體系，一條管道為王的升級之路，並逐步更深層次介入無限空間的資本市場，一個可以預見到的全管道營運的平臺式航母，似乎正漸漸駛來。

「如果你特別想搭建平臺，我們也會毫無保留地把經驗分享給你們。最近很多知名的微商老闆都紛紛來與我們溝通，我分享了很多經驗給大家，因為我希望這個管道能夠更快地健全起來，這樣我們的微商管道才有未來，才有希望！」

「二〇一五年，我們將有十到二十個億的廣告投入，讓微商的爆發力進一步發酵，讓民族品牌進一步深入人心。微商一定可以改變中國的商業局面，我們在雪梨、美國和東南亞等等只要有華人的地方都有若干經銷商，如果按照傳統打法，想打到國外去太難了，我們只能借助個體、微小的力量，將我們的品牌帶到大洋彼岸去，我想這也是將品牌走向國際一種很好的方法。希望大家一起努力，打造一個更好的民族品牌！」

對於微商，對於未來，吳召國依然保持著雞血般的昂揚。

「我希望在二〇一五年，我們能跟一個基金合作或者自己成立一個基金，帶動更多的人，用更大的影響力去做我們的公益，幫助更多的人來實踐自己的夢。」

這就是思埠，這就是思埠的崛起。

沒有傳奇，只有故事，故事的主題，就是那個沒有傘在雨中奔跑的孩子，就是那只翅膀扇動在雨林的蝴蝶，它關於愛、關於美、關於夢想、關於智慧，關於擔當，還有那悠長悠長的家國情懷。

和思埠一樣，關於吳召國，也沒有傳奇，只有故事，只有不變的「初心」。

於是，想到了顧城的詩——

我是一個任性的孩子，
我想塗去一切不幸。
我想在大地上，畫滿窗子，
讓所有習慣黑暗的眼睛都習慣光明。

PART 4

從夢，到夢

一個民族，需要夢想；
一個時代，也需要夢想。
具體到每一個個體，
平凡如你我，
也常常在嘮叨著某部電影的經典對白：
人若沒有夢想，
同一條鹹魚又有什麼分別？

夢，從來都是個熱詞。

從馬丁·路德金的I have a dream，到曾經一時風靡西方世界的美國夢，再到新時代習大大與中華民族的「中國夢」，夢一直都與人類浩浩蕩蕩的時代潮流所聯繫，夢的主題也一直都在奔騰不息。

一個民族，需要夢想；一個時代，也需要夢想。

具體到每一個個體，平凡如你我，也常常在嘮叨著某部電影的經典對白：人若沒有夢想，同一條鹹魚又有什麼分別？

吳召國，他有兩個夢。一個已經實現，一個，正在實現。

這一個正在實現的夢裡，有著相當大的幅度，恍惚之間，就囊括了眾生。

這是一個怎樣的夢？

1／什麼是思埠夢？

二〇一五年一月二十四日，思埠夢想盛典在人民大會堂召開。主題詞「中國夢，思埠夢」格外引人注目。

究竟什麼是思埠夢？

吳召國不止一次說起他立志一年之內實現五個夢想的故事：有自己的辦公大廈；將廣告打到央視春晚；產品有一線明星代言；到人民大會堂舉辦思埠年會；辦一個上市公司。一年之內，夢想一一實現，讓人熱血沸騰。

如果從這五個夢探索，我們不難發現，思埠夢是這樣的一種夢：

拼搏——一直到今天為止，我的企業已經發展的非常非常龐大了，我們仍然能夠堅持每一天都工作到淩晨兩點，當然這不是一個很健康的生活方式，大家不要去借鑒，但是我們確實是這麼去工作，淩晨兩點下班，然後早上九點準時起來上班，基本上玩命的狀態。整整七八個月，我們基本上沒有回過家。

其實這個世界上所有的奇蹟，都來源於你私底下每一分玩命的付出。

青春——思埠集團總部的員工，大多數都是跟我一樣，八〇後，正處在走向三十歲或三十歲多一點這樣的年紀。這樣一批年輕人聚集在這裡，做著一個全新的行業，彼此加油，朝氣蓬勃地一起奮鬥著。

團結——從一開始做微商的時候，我們就已經定位，這是一個團隊工作。我們的工作必須強調團隊觀念，聚沙成塔，單靠個人的力量，是難以完成這些所謂的奇蹟的。從我們的業務，到我們的義工團，都是這樣一個理念，就是我們團結在一起的一群人。

不服輸——在美博會做演講，那一次演講記憶深刻，場下呼嚕聲一片，之前枯燥的論談讓很多人都昏昏欲睡，我上臺後，我說大家都醒一醒，反正人也不多了，我告訴在座的人：「今天我的演講將石破天驚。」而在我的環節之前，有人在談微商，很多人都嗤之以鼻，我記得臺上有六位大咖，都是國內頂級的面膜化妝品企業老闆，他們說，「微商那東西，丟人，不能做，太下三濫。」總之對我們微商嗤之以鼻，各種不屑。當時我在下面其實聽得很不耐煩，後來我就上臺講了一下思埠的發展過程。我們的行銷模式，那幾位大咖瞬間被驚醒，現在據我所知，當時臺上的六個人沒有一個不在做微商的！

對於一個公司而言，拼搏、青春、團結、不服輸，這幾種精神特質已足以作為一種企業文化來宣揚。

但，吳召國的夢想，遠遠不止這五個夢；吳召國領導下的思埠，有更遠的目標所在。

在他談及思埠未來的話語中可見一斑：

「我們已經在轉型，思埠不再出自己的原創品牌。我們只會收購或者與國內以及國際的大品牌合作。我最終打造的是一個平臺，造一

個體系。管道為王。我希望在我這裡，能給全國甚至全世界的老百姓提供最美好的產品和服務。」

這已差不多指向他所述的第二個夢：創造一個平臺，讓更多的人在這裡實現自己的人生價值，在這裡實現自己的夢。

也因而，在這個角度，思埠之夢，不僅僅在於思埠；思埠夢，是一個聚集夢想、傳遞夢想的力量的一個所在。

2／一個夢工廠的存在意義

二〇一三年全國兩會，國家主席習近平說了這麼一段話：

「實現中國夢必須凝聚中國力量。這就是中國各族人民大團結的力量。中國夢是民族的夢，也是每個中國人的夢。只要我們緊密團結，萬眾一心，為實現共同夢想而奮鬥，實現夢想的力量就無比強大，我們每個人為實現自己夢想的努力就擁有廣闊的空間。生活在我們偉大祖國和偉大時代的中國人民，共同享有人生出彩的機會，共同享有夢想成真的機會，共同享有同祖國和時代一起成長與進步的機會。」

讓每個人都享有人生出彩的機會，享有夢想成真的機會。是的，在當代中國，這種機會，尤顯可貴。

君不見，多少人學富五車，卻空有壯志，輾轉沉淪，缺的就是一個機會。

君不見，多少人在相互告誡，機會來的時候，一定要抓住，莫要錯過了才後悔。

近二十年來，這種珍惜機會的說法一直未曾消褪。每個人都在尋求一個機會，而背後反映的，就是這個世界太大，人太多，資訊瞬間萬變。機會少，平臺不夠。

習主席的「讓每個人都享有夢想成真的機會」，是從宏觀角度來說的。

思埠，恰好是沿著這一條路走下來——

無論你是家庭主婦，還是輟學學生，是殘疾人，還是下崗的工人，你都可以在這裡找到實現你價值的地方。

「我的理想，很簡單，就是想帶大家賺點錢，讓這些底層老百姓也有個機會，改變自己。」

吳召國的話很樸素，但也揭示了一個客觀事實，思埠，正在慢慢成為一個平臺，一個管道，一座橋樑，連接起平凡的人們與各自心中的夢想。

中國夢，需要每一個人都出彩。中國，需要思埠這樣的一個企業。

3／夢開始的地方

他們來自四面八方，因為夢想，在這裡相聚。有夢的人總是有福的。他們的故事，溫暖而勵志——

王龍：有堅定的決心與夢想，誰都能改變自己的生活

他一直有一個創業的夢想，在成為微商之前，他做過快遞員、鞋童、裝卸工，雖然每天很勤勞地做著幾份工作，但財富的積累卻是緩慢的，遠無法達到實體創業的啟動資金。一次偶然的機會，他接觸到微商這個行業，不需要太多啟動資金的微商行業重新點燃了他創業的決心，他將之前在工作上的努力與幹勁用到微商創業中來，終於打下了自己的一片天地，他就是王龍。

在創業初期，王龍也有過一段想要放棄的時期，在微信上賣面膜的頭兩個月，他一

盒面膜也沒賣出，看著身邊其他的代理商每天都有貨出，他沮喪過一段時間。但他很快調整好心態，拿出比別人多的時間來學習微商行銷相關知識，在克服種種困難之後，他終於成交了創業後的第一個「大單」，雖然只是賣出五盒面膜，但卻堅定了他微商創業的信心。

目前王龍的公司月營業額已達到六百萬，他的目標是月營業額達千萬。對於很多人來說，像王龍現在的人生應該算是相當成功了，但王龍表示，他對成功的

概念一直在改變，以前他認為賺到錢就是成功，但現在他認為能夠幫助更多社會底層人群找到自己的尊嚴跟價值，才是一個真正成功的人。無論你處在什麼階層，只要有夢想，敢於努力去追求夢想，就一定能夠找到屬於自己的美好生活，王龍就是其中的典範。

隨著智慧手機的普及，和人們生活習慣的改變，決定了微商將會成為一個主流的消費模式。微信行銷不是簡簡單單地發朋友圈就可以了，要學會經營自己，推銷自己，贏得顧客認可很重要。

近年來加入微商銷售的產品越來越多，要想在眾多產品中突圍而出，首先選對產品的類型很重要，根據市場情況、消費者類型進行有效分析，產品要接地氣，選對產品對之後的市場開拓尤為重要。

不少人往往忽略了微信最本質的東西，它是一個社交的平臺，很多人使用微信是想通過朋友圈關心瞭解朋友的生活，或是通過朋友圈傾述自己的情感，還有就是放鬆心情減輕生活壓力。王龍表示：「我花在微信上的時間更多的是和這些好友互動，更多的是讓別人感受我的生活，不打擾別人的生活，我選擇的是推銷自己，讓別人知道我，相信我，認可我。我一直堅持的觀點就是，產品隨處都能夠買到，但是別人為什麼選擇我，絕對不僅僅是因為產品多好，主要還是朋友圈中大家對我的認可。」

「做任何的改變，你都得先問問自己內心深處有沒有那分想要改變生活的渴望，只要內心深處有著這麼一分強烈的願望，不怕辛苦不怕累，你就能在微商這條路上打下自己的一片天。」這是王龍對想進入微商創業的新人們的忠告。

張嬙：微行銷的精髓就是行銷自己

政法學院社會工作專業二〇〇九級高材生、大學生電視中心第一任女臺長、在校創辦北斗星心理諮詢室、院學生會副主席、校辯論隊的骨幹成員，這一個個閃亮的標籤足以讓人嘖嘖稱讚，而她現在又多了一個更令人驚歎的標籤——在研究生階段創業成功的微商企業家。張嬙，這個微信名叫做「豬堅嬙」的女孩，正以一種略帶自嘲的方式成就平凡卻不平庸的人生。

瘦弱，文藝氣質，是張嬙給人的第一印象。「以前的我其實沒這麼自信，甚至自卑，但我是一個要強的女孩子，特別渴望自己努力做出的成績得到認可。我所堅持的原則就是晉升不靠關係，自己要學會掌控自己的命運，要時刻記住你的手是朝下而不是朝上的。」她這樣說的時候，你能感受到她天生自帶的一股子韌勁。

二十四歲讀研究生的她，相比身邊大多已經結婚生子、工作穩定的同齡人，顯得有些尷尬。特別是當伸手找父母要學費時，看著日漸衰老的父母，讓她更加的愧疚和心疼。她希望父母也能住新房子，開轎車，能隨意出去旅行。

所以考完研究所以後很長一段時間她都覺得特別迷茫和空虛，每天逼著自己投簡歷、面試，可那些華麗漂亮的簡歷卻總是石沉大海，這時她才意識到所學專業支撐不了自己的夢想，而創業也許是實現夢想的唯一出路。「我覺得創業的理由很簡單，就是為了父母，為了自己，至少我是這樣認為的。」基於這分簡單的動力，她主動學習，全情投入，用實際行動證明了，她不簡單。

二〇一三年十二月底，一個偶然的機會，張嬙開始接觸微行銷，利用自己的人脈資源通過朋友圈進行宣傳，開始了創業之路。談到如何賺到第一桶金，張嬙直率地說：「逼著男朋友的朋友買，借著支持他女朋友創業的名義，朋友們也都很配合地買了，很容易吧。」這似乎是一句玩笑話，卻也證明了她善於把握人的心理。張嬙認為微行銷不能在朋友圈一味地「洗版式銷售」，學過心理學的她，將心理學嫁接到行銷中，將客戶群體的定位劃分清楚，站在不同類型客戶的角度，有針對性地進行行銷。張嬙認為，那種老套的洗版方式不僅不能讓自己的產品得到認可，反而會讓人反感，容易導致朋友們不會認真看你發的動態，甚至直接封鎖你的宣傳。

張嬙說，做微行銷還要懂得如何在朋友圈分享，這絕不是簡單地發圖片、推薦產品，而是首先要以生活化的語言去宣傳，其次要學會包裝自己，讓朋友和顧客看到你的努力、蛻變和成長。在張嬙看來，她不僅是在做銷售，用切身的體驗向朋友推薦好的產品，也是在銷售自己的魅力。畢業後短短一年時間，張嬙成立兩家公司，收入百萬，公司月營業額從幾萬攀升至六百多萬。張嬙堅定地說：「微行銷的精髓，實際上就是個人魅力的行銷，通俗點說就是宣傳自己、行銷自己。」

此外，在現實生活中，張嬙也毫不吝嗇地分享自己的創業經驗。她熱衷於將這一年裡學到的東西分享給母校的師弟師妹們，讓他們在大學裡找到自己的定位，不荒廢大學四年的美好時光。

黎子：成功往往就是比別人多堅持幾步

模特出身的黎子有著典型九〇後敢闖敢幹的個性，本來以優越的自身條件完全可以在演藝圈闖出一片天地，但為了創業的夢想，她毅然摒棄了演藝界的五彩光環，投身到微商創業大軍中，並成就了一番大事業。

月營業額達千萬，對於很多商家來說是一個很好的業績，但對於黎子來說這遠沒達到她的預期目標。「我們團隊還有很大的上升空間，微行銷是一個全新的行業，二〇一四年我們是在摸索和學習中逐步成長起來的。現在已經是公司化營運了，組織架構和崗位人員都已經齊備，二〇一五年公司將有更多的擴展計畫，我相信能達到三千萬的目標。」黎子就是這麼一個有抱負的女孩。

成功從來都不是靠運氣的，上天只會眷顧勤奮努力的人。黎子深明這個道理，所以就算在剛創業的時候遇到重重困難，她仍然堅持不懈，花比別人更多的時間去學習探索微商的經營方法，終於在創業第二個月，拿下了第一個大單。

雖然公司已步入正軌，但黎子的工作狀態仍像剛創業時一樣充滿激情。談到對於成功的看法，黎子表示：「有的人認為有錢、有房、有車就是成功，但對我而言，能夠做自己喜歡做的事情，不斷發掘自己的潛力，超越昨天的我，就算成功了。」黎子就是這麼腳踏實地，一步一個腳印地創建起自己的微商王國。

「從淘寶、博客、微博到現在的微信新媒體行銷，人們的行銷思路一直在變化。微信行銷的發展前景是非常廣闊的，如果說淘寶和博客、微博開啟了電子商務時代，微行銷則是移動電商的一個大轉化，可以說我們進入了全民微信創富時代。人人都做微行銷，家家都有二維碼，幾乎沒有哪個商家會對微信的力量視而不見。而微行銷也為平民百姓帶來了一次零門檻的創業機會，真正做到了O2O。」黎子非常看好微行銷的前景。

如何在眾多微信行銷產品中突圍而出？黎子表示，除了產品本身的品質取勝之外，最重要的一點就是做到個性化服務，別人有的你要有，別人沒有的你也要有。銷售初期，是顧客從懷疑到相信你的一個過程，再好的產品也需要用戶口口相傳，要用最好的用戶體驗來收買人心，把所有的細節都做到用戶的心窩裡。

對於如何打開市場，黎子團隊有以下三大行銷策略：

「意見領袖型」行銷策略

企業家、企業的高層管理人員大都是意見領袖，他們的觀點具有相當強的輻射力和滲透力，對大眾有著重大的影響作用，會潛移默化地改變人們的消費觀念，影響人們的消費行為，所以有意識地樹立企業領導人意見領袖的形象很重要。

「病毒式」行銷策略

微信平臺的群發功能可以有效地將企業製作的視頻、圖片或是宣傳文字群發給微信好友，可以利用二維碼的形式發送優惠資訊，主動為企業做宣傳，激發口碑效應，將產品和服務資訊傳播到互聯網還有生活中的每個角落。

「視頻、圖片」行銷策略

運用「視頻、圖片」行銷策略開展微信行銷，用心做好與微友的互動和對話，從中尋找利基市場，為潛在客戶提供個性化、差異化服務，善於借助各種技術，將企業產品、服務的資訊傳送到潛在客戶的大腦中，為企業贏得競爭的優勢。

做任何事情都有個積累和沉澱的過程，不要抱著一夜創富的心態，而堅持就是邁向成功的關鍵所在，成功的人往往是比別人多堅持了那麼幾步。

李聿強：逐夢，一路小跑，拓展人脈為微商創業助跑

「如果我們之間有一百步的距離，你只要跨出第一步，我就會朝你的方向走出其餘的九十九步。」這是李聿強為自己的創業團隊起名「一路小跑」的詮釋，也是對自己勇往直前的鼓勵。在八個月的創業時間裡，李聿強憑著一路小跑的發展理念，逐步控股福州閩師、福建特埠、鄭州雲埠等數家公司，並帶領合作經銷商創辦了幾十家分公司。

李聿強的個頭不高，身材也不算魁梧，在人潮擁擠的會場上很容易就被埋沒在大眾視野中。但是，見過李聿強的人都會對他印象深刻，因為他的臉上總是帶著親切的微笑，談吐中透著不緊不慢的溫和與從容。

在微商創業之前，李聿強從事教育裝備行業的工程建設，繁瑣的招投標手續、後期回款速度較慢等都給他帶來不小的壓力。「傳統行業對我來說可拓展性太少，工作幾年來都沒有什麼突破。」正當李聿強為事業一籌莫展時，他遇到了一位在微商領域創業的朋友，在對方的感染下，李聿強決定也加入微商創業的行列。

「創業道路不可能一帆風順，但是不逼自己一把永遠不知道自己有多優秀。」在為創業奮鬥的歲月裡，讓李聿強印象深刻的是第一筆成功的交易。「我剛轉型做微商時，

並沒有什麼信心，抱著試試的想法在朋友圈發布了一條軟性置入廣告，連續五天都沒有人回覆，當時我的心都開始發慌了。」就在李聿強心情跌落谷底的時候，奇蹟突然發生，一位元原行業的女客戶聯繫到了他並達成第一筆交易。「雖然只零售了兩盒產品，卻給我很大的信心，證明我運用的方法是可行的，並且是可以與他人分享的。」隨著李聿強的微商經驗不斷豐富，銷售業績也跟著扶搖直上。

美國著名學者戴爾．卡耐基曾說過：「專業知識在一個人成功中的作用只占十五%，而其餘的八十五%則取決於人際關係。」無論在哪個行業，人際關係的學習與掌握對事業的發展都起了不可替代的重要作用。「我一直相信，人脈就是錢脈，多個朋友多條路。」李聿強表示，要想通過微商創業成功，朋友圈中的顧客是關鍵。

「創業初期，我的社交圈多以之前的同事和客戶為主，大家都常線上下活動，比較少用微信、微博、QQ等網路社交工具。」李聿強坦言，由於身邊的親朋好友在觀念上還未能充分認識和接受微商的概念，所以創業受到了不少限制。為了克服這一困難，李聿強不斷學習微商課程，大膽地去接觸與結交新朋友，拓展自己的好友圈子，使得銷售成績獲得了突破性增長。

「我很喜歡《亮劍》中的一個角色——李雲龍。當自己足夠優秀，就可以帶出一支嗷嗷叫的團隊，戰無不勝。」在「偶像」的激勵下，李聿強率領的一路小跑逐夢團隊從最初的兩三名隊員成長為一支匯聚了三千多名微商的隊伍。

有不少人認為，在組建團隊時應首先考慮具有相似文化背景和身分的夥伴，只有這樣才易於交流，但在李聿強看來，團隊的多元化反而更有可能帶來無限的發展潛力。「我們的團隊就像一個完整的小社會，演繹出許多精彩的故事。有一回，一位曾任職教師的夥伴給大家講述了改編版的《社戲》，讓大家回味無窮，彷彿回到少年時代的課堂上，忘記了煩惱。」李聿強表示，雖然團隊成員來自全國各地，但他們都懷揣同一個夢想——改變命運過上更好的生活並幫助更多的創業者，在夢想的指引下，才得以讓團隊日益強大，一路領跑。

孫曉豔：用心待人，必能獲得相應的回報

聽到「若欣」這個名字，感覺她應該像是從瓊瑤劇中走出來的溫順柔弱女子，接觸之後才發現她是一位很有魄力且具有堅韌性格的女強人。大半年前為了全身心投入微商行

業，她毅然辭掉年薪十萬的工作，之後僅用兩個月時間就成功創建起山西思埠商貿有限公司，至今已聚集三千多人的團隊，並擁有子公司二十餘家。她就是孫曉豔，又名若欣。

孫曉豔與微商的初次觸電，是在一次微行銷課程上。或許是因為山西人天生的商業敏銳度，在這次學習之後孫曉豔意識到微商是一個大有潛力的行業，她覺得此情此景正如當年的淘寶，當年的淘寶開創了中國互聯網購物的先河，掀起了消費模式的巨大變革，成就了無數心懷夢想的普通人，也造就了成千上萬的富翁。她相信微商也將掀起一種新的商業模式，低門檻的創業方式將實現更多人的財富夢想。

從剛開始對微商一無所知，到如今能夠出來講授微商課程，從剛開始的單槍匹馬到如今團隊運作月入百萬，孫曉豔憑藉著對夢想的執著追求一路摸索前行。孫曉豔表示：「機會是給有準備的人，沒有人能隨隨便便成功。抓住機會，選對行，跟對人，做對事，盡最大努力，相信時間會給我們一份滿意的答卷。」

孫曉豔堅信在高速生產、高速傳播的互聯網時代，微商一定會佔據移動互聯相當大的份額。在自己取得成功的同時，更要回饋社會，未來她將盡最大的努力去幫助更多的人，幫助更多的社會底層人士去實現自己的夢想。

隨著微商市場競爭加大，產品同質化問題加劇，如何做到突圍而出？孫曉豔表示：

「微商不是比誰走得快，而是比誰走得更遠。一個好的品牌，一定要注重用戶的體驗感受。我們要打造的是民族品牌，以平民價位、高端品質贏得市場。因此我們絕不僅僅只是在朋友圈賣東西，我們在做的是重樹消費者對民族品牌的信心。」

微商創業初期一般都是從身邊的朋友熟人等關係打開市場，孫曉豔也不例外。但在促進銷售的同時，她更關注用戶的體驗及感受，「我覺得經營最重要的是站在對方的角度先為消費者著想，誠信第一，用心待人，必能獲得相應的回報。」

雖然現在公司已進入規範化營運與管理，但每天我都還需要花很多時間去總結遇到的各種問題，學習新的微商行銷知識，並把學到的新知識分享給團隊的其他夥伴。就是在這樣一個相互扶持、相互提升的團隊氛圍裡，我和經銷商隊伍的業績得以突飛猛進。」孫曉豔表示，每天看到無數人在這個平臺裡像她一樣憑藉自身的努力重新找到了人生的奮鬥目標，一步一步地實現原本遙不可及的夢想，這種欣喜的心情只有從事微商行業的人才能感受得到，或許這就是越來越多的人投身這個行業的原因吧。

陳彩虹：「真誠」是微商價值的放大器

一米五的身高，不足七十五斤的體重，一個看似弱不禁風的小女子卻有著鋼鐵般堅韌的內心。「我有大大夢想和爆發力，因為內心渴望成功，我從來不願意屈服於命運。」正是憑著這股不服輸的衝勁，她的人生如同她的名字一般絢麗多彩。陳彩虹，一位活潑熱情的八〇後企業家，在事業與家庭上得到了雙贏，全憑「真誠」這一枚籌碼。

「我的夢想很簡單，就是讓家人過上富足的生活，這輩子不可以讓自己再有做窮人的機會。」陳彩虹出生在浙江海寧一個貧困家庭，父母經常因為債務問題起爭執。打小就喜歡音樂的她一直想擁有一架電子琴，但從不敢向父母開口，不是怕得不到，而是怕讓父母為難。儘管生活上總帶點憂傷，但陳彩虹積極樂觀的個性讓她不輕易認輸。

「讀大學的四年間，當其他人忙著談戀愛、逛街、看韓劇，我已經開始了創業生涯。」陳彩虹笑著回憶起自己的大學生活。那時候的她擺過地攤，發過傳單，還兼職過電話行銷，無論是在跳蚤市場還是零售店，都能見到她忙碌的身影。當記者問起做這麼多工作是否辛苦時，陳彩虹卻表示，她很享受這段大學生活。「雖然每一個暑假都是獨自在外打工度過，但是我很高興，因為幫父母分擔了生活壓力，並且做銷售是我的興趣所在。」帶著這分興趣，陳彩虹積累到彌足珍貴的經驗與人脈，這些積累，給她之後的創業道路帶來了意想不到的收穫。

互聯網的虛擬世界真假難辨，有不少人在裡面栽了跟頭，陳彩虹也曾是其中之一。「在大學裡，懵懵懂懂地跟風註冊了淘寶帳戶，想嘗試網上創業，沒想到連學費也被騙走了。」很多人在這個時候往往會選擇從教訓中反思如何保護自己：「我當時哭了很久，不是為錢，而是長久以來建立起的信任被瞬間摧毀。因此我下定決心，不能讓其他人遭遇到這樣的欺騙。」帶著這分誠意，陳彩虹步入微商創業之路。

「從事微商，最擔心的就是不被信任，而信任建立在感情維護的基礎上。」陳彩虹表示，對消費者，她始終堅持換位思考原則。「在銷售前，我會先體驗產品，感受一下效果。」在她看來，嘴皮子功夫好不如產品品質好來得扎實。另外陳彩虹還一直關注消費者的諮詢與回饋，並爭取給每一位留言者做出回覆，「當我作為線上購物的消費者時，我最關注的就是別人的評價，它能體現出產品的好壞及賣家的品行，這對消費者的購物心理有很大的刺激作用。」在朋友圈分享生活趣事也是維護感情的方法之一。陳彩虹表示，微信是一個自媒體平臺，具有很高的關注度和擴散力，有利於培養信任。秉承真誠待人的信念，陳彩虹在積累到的廣闊人脈的基礎上，建立起一個更為龐大的忠實顧客群，從而迅速達到一個月近三十萬元的銷售業績，並創建了一個千人團隊。

「感情維護、培養信任並不能只針對線上的消費者，對團隊的同事也要如此。」陳彩虹認為，一個團隊的凝聚力對企業發展起了重要作用，當團隊人員數量較多時，需要做到分工合理明確，並不忘經常保持聯繫。「我愛我的團隊，是同事的信任與陪伴讓我們一起走到現在，並且會一直走下去。」在陳彩虹心裡，真誠是實現人生價值的基石，有信任，才能有永遠。

吳秀麗：幸福是破繭成蝶後的綻放

從四家美容院老闆到負債三十多萬的單親媽媽再到微商創業隊伍中成功的行銷高手；從迷茫無措到微商創業初期粉絲僅六十人發展到粉絲達九千人。不得不說，有一種人天生有一種能力，她突出重圍，化難為易；她忍辱負重，堅守初心。她，是微商創業的成功典範吳秀麗。

幾年前，吳秀麗經營四家美容院，擁有幸福的家庭，聰慧的兒子，過著大多數女生都嚮往的生活。然而一場突如其來的家庭變故，和美容院經營失利的壓力，讓原本幸福的生活變得異常艱難。

吳秀麗很清楚必須擺脫一團糟的現狀，才能收穫夢想中的生活。她開始重新規劃未來，找一份踏實的工作，讓自己儘快振作起來，可找工作的現實是高不成低不就。「我接受不了打工，面對壓力，我的狀態差到了極點，特別委屈自己付出那麼多，最後依然和剛出發時一樣清貧，除了保留那分出發的心，只剩下憔悴的自己。」生性要強的她，並沒有放棄。

一次偶然的機會，吳秀麗發現了在微信朋友圈行銷的商機，便開始自己琢磨。瞭解產品特性，嘗試產品效果，推送優質產品到朋友圈分享，憑藉靠譜的口碑漸漸吸引人氣。她不顧白天黑夜地研究手機裡那個小小的軟體，那段日子就像是瀕臨死亡的人拽著一根救命稻草，牢牢抓緊，不敢鬆懈。「好幾次忙到忘記一旁的兒子，嘴裡含著優酪乳瓶的吸管睡著了，每一次把他抱上床的時候，心裡都是酸的。」付出總會有回報，隨著粉絲量的日漸增長，吳秀麗決定找準產品，從零售開始囤貨招代理。從這一刻起，吳秀麗通過微行銷一步一步找回往日的自信。

微信，自誕生以來就與朋友圈息息相關，不可分離；微商，則是圍繞朋友圈來展開的商業行銷。吳秀麗認為，微行銷首先要親身嘗試產品，用心瞭解產品的特性，才能把最真實的效果表達出來。「我推薦的面膜，會親身試用體驗，並且到相關部門檢測，確定合格好用，才推送到朋友圈。」

此外，吳秀麗明白微行銷不僅是賣產品、做銷售，關鍵還要有人情味，與粉絲打成一片。「我是一個平凡的普通人，我始終相信用真心做事，以誠相待，一定能得到更多人的認可。」保證產品品質，用心推薦產品，有人情味地對待「粉絲」，這正是吳秀麗能持續增長粉絲的核心所在。

互聯網時代的到來，衍生出淘寶、微博、微信等多元化發展、多角度傳播的新型行銷模式，時至今日已遍地開花。體驗感受、文案撰寫、名人傳播，似乎已經成為微行銷的常態。在吳秀麗看來，微行銷在保證銷售產品品質、真誠對待「粉絲」的前提下，還需要更多創新的宣傳形式。

如何有效傳播產品，讓更多粉絲直觀瞭解？吳秀麗瞄準了拍微電影這種新穎的宣傳形式。「把產品拍出來效果更直觀，更有吸引力，而且內容多樣，可嚴肅、可幽默、可溫暖。」她認為，只有不斷地學習進取，摸索創新，才能讓這種新型行銷模式走得更遠。

人們常說，不完美的人生才是完整的人生。如今，吳秀麗積極參加各項慈善公益事業，慰問殘疾兒童、孤寡老人，將生活閱歷轉化為正能量，傳遞一種積極面對、不放棄的人生觀。

吾瑩萍：為夢想而奮鬥讓青春更璀璨

微信粉絲數突破五千上限，創業第一個月的收入超過萬元，不到一年時間就建立起自己的公司團隊，這些看似難以達到的目標卻在一個九〇後女孩身上實現了。她跟其他九〇後女孩一樣喜歡逛街購物，享受生活，但在追逐夢想的道路上，她從不馬虎，也從未懈怠，正是她的堅持，讓她成為了當下知名的微信網路紅人——小瓶蓋。

小瓶蓋名叫吾瑩萍，出生在浙江衢州的一個農村家庭，較為貧苦的生活條件讓她從小就抱有一個小小的夢想，「我想通過自己的努力給父母買一套像樣的房子，讓他們有機會體驗大城市的生活」。與成為科學家、音樂家、政治家等夢想相比，吾瑩萍的夢想似乎太過樸實，但對於一個年收入僅有幾萬元的家庭來說，這個夢想又是那麼遙遠。

懷揣著夢想，吾瑩萍進入大學後就開始參與各種社會實踐和兼職。當時，身邊有不少同學在淘寶開店。看著同學們在就讀大學時就開始掙錢，吾瑩萍心裡癢癢的，但她知道，自己已經錯過了這個商機，只能另闢蹊徑。畢業後，吾瑩萍在一家小企業工作，發展前景並不理想。因此，她利用閒暇時間，在微信朋友圈開始嘗試產品銷售。「其實，我曾想開一家實體店，但那需要太多資金，淘寶又已太過普遍，所以我就把目光轉向一直熱衷的微信上。」在吾瑩萍看來，微信是一個零門檻的創業平臺，對她來說是再合適不過了。剛開始，毫無經驗的吾瑩萍在朋友圈每天發幾十條硬廣告，洗版式的行銷方法使得銷售成績並不理想。面對一個月只有幾百塊收入的狀況，吾瑩萍並沒有放棄，而是通過學習與摸索，重新認識微行銷。二〇一三年底，吾瑩萍辭去了手頭上的工作，以更加專業的姿態正式投身微商行列。

口碑行銷一向是市場行銷中最廣泛應用的一種行銷方式，互動性強、可信度高的特點讓這種行銷方式大受歡迎，尤其是在這互聯網熱潮中，口碑行銷更是備受關注。跟許多銷售群體一樣，吾瑩萍也相中了口碑行銷的優勢，並把它運用到了微行銷中。

在創業初期，為了讓朋友圈中的消費人群得到對產品最直觀、最深入的瞭解，吾瑩萍親自體驗產品，並把體驗感受和最終效果用文字與照片清晰表述出來。「與之前的硬廣告宣傳相比，這種軟性置入的方法更加有效」，吾瑩萍認為，微行銷是一種自媒體行銷形式，通過產品體驗與資訊分享，容易影響消費者的購買心理。除此之外，吾瑩萍還堅持聽取消費者的使用回饋，並經常把這些回饋資訊發布到朋友圈中，達到口碑相傳的效果。

在高速生產、高速傳播的互聯網時代，內容品質成為決定成敗的關鍵。「我一直堅持原創朋友圈的文案，讓讀者知道我的朋友圈故事是獨一無二的，這樣他們才會被我的文字吸引。」在吾瑩萍眼中，只有新穎的事物才具備吸引關注的潛力。

吾瑩萍在創業初期擔負著文案撰寫、行銷宣傳、進貨送貨所有工作。儘管辛苦，但吾瑩萍從不複製別人的想法，創新思維是她做事的一貫原則。「不管做什麼事情，都不能一味地複製，而要有自己的想法，只有突破創新才能具備優勢。」此外，吾瑩萍對執行力也是嚴格要求。「有了想法還不夠，一定要寫出來或者馬上執行。」她認為，每個人的腦海中都有可能浮現創意靈感，但如果只想不做，創意就只能永遠停留在腦海中。

在追逐夢想的道路上，吾瑩萍從未猶豫，那個曾經自卑迷茫的女孩現已成長為一名自信勇敢的企業家，但她仍未滿足：「有許多人就像當初的自己，對創業感到迷茫，也沒有合適的平臺，我想助他們一臂之力去實現自己的夢想。」為此，吾瑩萍經常帶領團隊參加各種公益慈善活動，把正能量傳遞給每一位有需要的人。

PART 5

微商，大善

不一定能做中國最成功的企業，
但一定要做中國最有愛的企業。

二〇一四的思埠，是中國風頭最勁的企業。也是在這一年，思埠喊出了自己的口號：不一定能做中國最成功的企業，但一定要做中國最有愛的企業。

商人與慈善，是一組有趣的相對詞。

商者，唯利是圖；慈善，卻意味著付出、施捨。但在中華民族漫長的歷史長河中，商人與慈善結合的傳統卻早已有之。春秋戰國時的範蠡，是春秋後期越國大政治家，他曾經幫助越王勾踐復國雪恥，後來乘扁舟流落江湖經商，而且變名易姓為陶朱公，在商業經營方面頗有一套成功經驗。但人富志更高，幾次將經營所得的巨額錢財，接濟窮人。《史記》稱他「十九年之中三致千金，再分散與貧交疏昆弟」，即是說十九年間三次獲得千金之富，但三次把這些錢財接濟他周圍的窮朋友與困難兄弟。史上稱讚他是一位「富好行其德」的大善人、大慈善家。

商者有道，慈善可算是中國商人的其中一個「道」。

然而，隨著市場經濟在中國的發展至成熟，商人與慈善的關係開始出現一些很微妙的變化。

慈善，開始成為一些企業另類的生存和發展之道：假慈善，真利潤。

又或者，就算是真心慈善，卻總難免被別人稱之為假意，為錢，為名聲。

在如今，中國企業做慈善，不好做。

真心也好，假意也好，有其他意也好，這些披著商業外衣的「慈善家們」總要在聚光燈之下，接受多番的解讀。儘管這種解讀，有時已超出「施受」的本原太遠太遠。

在這樣一種生態環境之下，作為一個商人，吳召國，他的慈善之心究竟作怎樣的考量？作為一個企業，思埠在「愛的模式」裡，又該如何自處？

1／一種價值：中國式慈善之下，誰在大愛大善？

有一個笑話。說一位小學老師問班上的學生，長大以後的志願是什麼？學生們發言踴躍，有說當科學家的，有說當文學家的，有說當電影明星的，有說當飛行員……忽有一學生答曰：「慈善家」。這回答令老師驚奇，遂追問「為什麼？」該學生回答說：「因為慈善家有錢。」

這個小孩子的話道出了一部分真理，雖然有錢未必就會做慈善，但做慈善大抵需要有錢。這也是現在社會，人們普遍覺得「慈善是有錢人的玩意」的原因所在。

在這種中國式慈善之下，思埠的愛與善，究竟是怎樣的一種價值觀？

眾所周知，思埠集團最為轟動的，是其在全國各地擁有差不多一千個義工團。一個企業，擁有著一千多個義工團，是極其少見的事。

而據思埠集團董事長吳召國的介紹，思埠集團的義工團是按照地區劃分的，十幾個人、十幾個人這樣組建起來。義工團的成員，主體就是思埠的經銷商。

思埠的經銷商，都是哪些人？

一直以來，思埠集團不斷地為弱勢群體帶來就業機會，讓一些失業人員（特別是傷殘人士）重新獲得就業機會。正是因為如此，思埠九〇%的經銷商都是下崗工人、家庭婦女、未就業大學生以及低保人群。

這些人，就是義工團的重要組成人員。

分析至此，我們已大概明白，在思埠，現在做的不是慈善，而是公益。

慈善與公益，有著明顯的區別。儘管在傳統概念上，我們大多時候會把公益也劃入慈善的範疇。

但其實公益不等於慈善，慈善往往是「有錢人去做的事情」，而公益是人人可為。公益，不是一個人的事情，需要更多人的加入，並應該成為一種美好的社會現象。

慈善是將資源集中起來做一件有益的事情，比如發生水災、地震、罹患疾病的時候，大家一起捐款救助。而公益則不然，公益的「公」其實是由很多個「微」組成的，只有每一個「微」或者多數的「微」都做了同一件事情或者認知某種觀念，才能產生「益」的效果，也就是說公益是分散開來才能效益最大化的一件事情。

微商做公益，有著得天獨厚的優勢。為什麼？就在於微商之「微」。「微商，就是微小的商人，微小的商店，微小的個體，但絕不是微小的力量。」這是吳召國對微商的解讀。一語中的的是，微商絕不是微小的力量，尤其在公益領域。

在任意一個搜索網站，只要打出「思埠義工團」的關鍵字，你就能看到一條條的新聞羅列：思埠義工團走進長春，思埠義工團走進成都，思埠義工團走進福州……

以下是關於思埠義工團成都站的一條新聞：

二〇一四年九月二十日上午九點，思埠集團旗下陌然團隊來到成都新津福利院，陌然團隊帶著滿滿的愛走進了這個有老人有孩子的家。陌然團隊帶著滿滿的愛心走進了福利院，到達福利院後，大家圍繞在老人身邊，團隊的夥伴們跟老人們話家常，陪同老人孩子們玩耍，氛圍十分溫馨，老人們對大家的到來感到非常開心，老人還給大家講述了自己生活的經歷，大家深深地意識到生活是多麼幸福。團隊的夥伴們給老人孩子們帶來了糕點、牛奶、水果等食物，看著他們幸福的笑容，那刻小夥伴們有一種無法言喻的喜悅。

歷經二小時的愛心活動圓滿結束，「愛心暖夕陽」，心在成長，愛在蔓延，老人孩子們需要關愛，他們將不斷的伸出雙手，用他們真摯的愛去關懷每一位需要關懷的人。

對於思埠陌然團隊來說，這次愛心活動只是他們的起點，而不是終點，對於思埠陌然團隊的每個人來說，他們將一直行在路上，風雨兼程，勇往直前。

這就是公益與慈善的不一樣。第一，它不一定需要錢來支撐，第二，任何一個個體都能參與進來，都可以做。

多大的慈善家，都不可能像這樣，走近每一個老人的身邊話家常，有，也是走過場。吳召國亦然。身為一家上市公司的老總，他不可能有這樣的時間與精力來參與其中。但是，吳召國身後的人可以，他們存在在中國的每一個城市，能攜手共同去做這一件事。這種愛與善，因為是眾人之力，眾人之責，自然也就無關乎利益瓜葛。

這也是思埠在中國式慈善受到質疑的時代裡，用自己的方式來大愛大善——讓更多的人參與進來。

2／一種模式：授人以魚，不如授人以漁

同樣是一個關於捐贈的故事。一個志願者隊伍到非洲某個貧窮的國家去，給當地的人民一些支助。這個志願者隊伍中有一位中國人，他剛下車時，就看見一位當地的小女孩可憐兮兮地站在他面前，眼神裡對他身後的支助物資充滿了渴望。這位中國人善心大發，馬上從車上取了一箱速食麵給那個小女孩，但他的舉動遭到了另一位同行者的訓斥：你不能這樣！這個同行者轉而微笑地對那個小女孩說：你能帶我們去到村莊裡嗎？小女孩很熱心地幫他們帶了路，作為報酬，那一箱速食麵給了她。事後，這個同行者對那位仍在迷惑不解的中國人解釋：我們雖然是來這裡幫助這些小孩子，但不能直接、無償地給他們，這會讓他們以為自己得到這些東西是應該的，我們要讓這些小孩子明白，世間任何的成果都不是徒手就能得到的，必須要通過自己的努力才能換來。

很多人都為這個外國人的思維而驚歎，也為那位中國人急切的熱心腸子而善意地調侃著。但其實，在中國古代，對這種施與受之間的論證，早已有之。

中國有句古話叫「授人以魚不如授人以漁」，說的就是你給別人一條魚，還不如教會他釣魚。一條魚只能解一時之饑，卻不能解長久之饑，如果想永遠有魚吃，那就要學會釣魚的方法。

一箱速食麵，只能改善小女孩一段日子的生活，但一種因為自己勞作而換回來報酬的教育方式，卻能讓這個女孩從這裡獲得做人做事的思路和方法。

思埠的公益模式，也深諳此道。

我們常常能見到報導，說思埠老總吳召國，因為某某的困境而感動落淚，當場捐助多少元。

但其實，吳召國的善愛之處，不僅僅在於他給當事人一個金錢物資上的幫助，一個生存下去的勇氣和動力，更在於，他讓這些在生活中陷入困境的人，都走進了他的集團大家庭。

一起尋夢——

思埠經銷商中，有個微信名叫「遊子」的小夥子，二〇一二年十月分被確診為「肺癌骨轉移IV期」，二〇一二年十一月分做了右肺上葉切除手術，給身體帶來了巨大的影響，無法從事正常勞動。通過了二十五次的放療，五次的化療，身體機能也完全改變，日漸虛弱。二〇一三年九月分，遊子的腫瘤再次復發……現代醫療技術雖然發達，但對癌症還沒有能完全治癒的特效藥，只有靠放化療來控制癌細胞的發展和擴散。但是化療過程不僅艱辛，還要付出高昂的醫療費。遊子手術後身體無法工作，這也意味著沒有了收入。後來一個機會，他加入思埠經銷商隊伍，自力更生。但是由於前期欠下的債務已經很多，而後期的醫療費用又將會是一筆龐大的數字，遊子生活拮据，異常艱難。得到消息的思埠集團總部發起募捐活動，短短幾日，就將收到的第一筆善款六萬五千六百八十八元，如數轉交給了遊子。而這一募捐活動並沒結束，善款還在繼續增加。

數字已不重要。應該關注的是，有很多人，都像這一名「遊子」一樣，在思埠這裡，找到了屬於他們自己的夢。

在這裡，他能靠著自己的勞動，獲得他應有的報酬；

在這裡，他能用自己的技能，換回一些他應得的尊嚴。

二〇一四年十月二十五日晚，殘疾人網上創業與就業孵化基地團隊參加完思埠全國經銷商交流大會後，來到思埠集團總部參觀，思埠集團董事長吳召國接見了他們。吳召國瞭解到他們的情況後，得知他們在身懷頑疾的情況下仍然堅持創業的夢想時，感動不已，當場叫來集團財務總監現場捐了十萬元人民幣給他們，並表示會繼續幫助這個機構，無償提供殘疾人網上創業與就業機會。

二〇一五年一月二十四日晚，人民大會堂，思埠夢想盛典現場，當全場燈光關閉時，舞臺上迎來了一支由廣州市番禺區義工聯助殘部輪椅舞蹈隊演出的輪椅舞蹈《從頭再來》。看著一個個坐在輪椅上的他們，雖身殘卻個個臉上綻放著動人的微笑，在那一霎，多少人在臺下為這種生命的尊嚴而感動落淚。思埠，給了這些殘疾人該有的尊嚴。

愛他，就是讓他學會好好地生活在這個世界上，讓他擁有他該擁有的尊嚴。

這是思埠，一個既要追求著自己商業利益又要將愛普及天下的現代企業，在做公益事業的模式：授人以魚不如授人以漁。

3／一種理念：愛，從這裡蔓延

吳召國說，思埠夢，是草根夢，是每個思埠人的夢，思埠，就是愛。

世上沒有無緣無故的愛。在探求吳召國愛的根源時，我們腦子裡會出現一個成功八〇後的另一種形象：

他出身草根，曾經窮得一年四季只能穿校服；

他來自農村，見證了中國第一批最真最純的村支書的可愛可敬；

他在打工家庭中長大，在父母匆忙的生活腳步中明白了做人要孝順、要感恩的最樸素的道德價值觀；

他自小篤信基督，把愛人如己當成此生都要履行的信念；

……

不忘的初心，一幕幕以前，一番番明天。

思埠時代的吳召國，以「思埠就是愛」作為自己公司企業的發展理念。

他說：「我喜歡做幫助人的事情，我想一直做公益，一直做幫助人的事，因為我就是社會底層出來的，所以我關注公益，關注社會底層的人們。我在感受著幫助別人的快樂，一種內心上因為感恩、因為施捨而帶來的踏實的快樂。」

二〇一五年，思埠集團會投資拍攝一系列微電影，主題都是愛。第一個故事已經成型，叫做《愛的陪伴》，講述了都市裡生活的人對父母的陪伴、關愛太少，「真正的孝順不是給父母錢，而是給他們陪伴和愛；也不是給他們買保險，而是每年帶他們去體檢。」吳召國說。

為此，思埠集團特別舉行了「關愛健康，從體檢開始」帶父母體檢活動。

這些舉動，我們都可以在他童年時期父母孝順自己的父母找到相對的印記。

而他的另一番說話，也可從中找到一點關於吳召國「愛的根源」的線索——

「我的小學時期，曾經有一位叔叔去我們學校捐助，那時候我領到的是一個自動的鉛筆盒，這個鉛筆盒讓我開心了一整個夏天。從那時候起，我就立心要好好學習，以後像他一樣，幫助更多的人。」

原來，愛的根源，還是愛。

在今天，他所做的善與愛，其實與當年的那個叔叔一樣。

這種為善的理念，就像煙火，從那個年代燃點，傳遞到今時今日。

「二〇一四年雲南魯甸地震，我們集團為災區人民總共捐助了一百萬元。我們在雲南的義工團，自發組織去到第一現場，為災區人民提供支援。

昆山爆炸的時候，我們當地的義工團就去了捐血去。我當時呼籲，在昆山一帶的義工團都去捐血，捐血的我都獎了五百塊錢一個人。後來有人跟我說你們太厲害了，在臺灣，有一個慈濟，專門在第一現場救災救禍，你們跟它一樣。」

自發前往救災現場，是從一個人到一群人的影響所在。

當把傳遞愛成為一種理念，那麼，愛蔓延至世界，不再是夢。

4／愛的圖畫

「如果給我一片天空，我能畫出星河；如果給我一縷陽光，我能畫出花朵；如果你把溫暖給我，我能在你心裡畫出歡樂。想要這世界像畫一樣美麗，就讓我們用愛來為她調色；愛是你我付出後的收穫，愛是相互給予時的所得。如果你，如果我，心中有暖色，愛的圖畫就會開花結果；如果給我一片羽毛我能畫出翅膀；如果給我一張笑臉我能畫出快樂；如果你把感動給我，我能在你夢中畫出寄託……」

這是思埠之歌，也是思埠之路。

吳召國用他的愛，在中國的版圖上，寫下了一張獨特的思埠圖畫——

雲南

二〇一四年八月五日十四時三十分，地震造成昭通市魯甸縣、巧家縣、昭陽區、永善縣和曲靖市會澤縣四百一十人死亡（其中：魯甸縣三百二十八人、巧家縣六十九人、昭陽區一人、會澤縣十二人）、十二人失蹤（巧家縣十二人），二千三百七十三人受傷（其中：魯甸縣一千七百一十三人、巧家縣二百九十人、會澤縣三百七十人）。地震當日，思埠拿出一百萬元人民幣委託廣州花都區民政局捐贈給雲南災區，為災區人民送去思埠人的愛……

湛江

二〇一四年八月十二至十三日，思埠集團代表受董事長吳召國委託和廣州花都區新華街黨工委書記楊心妹等，以及街道辦相關部門負責人到對口幫扶的雷州市北和鎮劉張村開展扶貧「雙到」工作。二〇一四年七月十八日，颱風「威馬遜」在廣東省雷州市徐聞縣沿海地區再次登陸，登陸時中心附近最大風力為十七級。據當地官方當日下午災情統計，徐聞縣受災人口三十多萬，倒塌損壞房屋一萬九千多間；鐵路中斷十五條次；公路中斷八千八百二十條次；電路癱瘓、通訊中斷；農作物絕收面積七千二百八十公頃；水產損失一千八百公頃……被淹的碼頭、倒塌的磚廠、絕收的香蕉樹、垮掉的養雞場……每一處狼藉都揪住一家甚至一群人的心。思埠的代表帶去二十萬元人民幣為雷州市北和鎮劉張村茅草房改造的專項救助款，希望為災區人民盡一點思埠人的微薄之力。

長沙

二〇一四年八月二十九日淩晨，思埠長沙團隊收到通知：團隊成員蔣鵬的媽媽重病在身，現入住長沙湘雅第二醫院。他們臨時決定組織長沙各地經銷商一起去看望蔣鵬媽媽，希望點滴的溫暖能給媽媽帶來好運。思埠愛心團隊的十多位小夥伴組織前去湘雅第二醫院探望慰問蔣鵬的媽媽時，看到一臉愁容的消瘦的蔣鵬爸爸，和病中脆弱的蔣鵬媽媽，瞭解到蔣鵬家境困難，母親的病又加劇了家中困境。他們向公司報告了這個情況，總公司當即拿出一萬元進行生活援助，並鼓勵長沙市的夥伴們積極行動起來，盡大家的綿薄之力，將愛傳遞到這個家庭。後期的費用繼續想辦法去幫助這個家庭解決。

贛州

露西是洋子團隊的一員，她的母親於二〇一四年九月二日在江西贛州第一附屬醫院確診輸尿管癌低分化轉移到淋巴腫瘤。脖子兩側都有腫瘤，平時都會感到疼痛，再加上其中一個腎已經壞死，非常痛苦。由於家庭困難，急需思埠愛心基金會伸出援手。洋子愛心團隊得知消息後，第二天便派出愛心代表金幹前往醫院探望露西的母親並且調查確認情況屬實。洋子團隊當日便在本團隊募集八千元愛心捐款進行援助救急，而且思埠愛心基金會也拿出一萬元進行生活援助。面對高昂的醫療費，這點錢還遠遠不夠，但代表著思埠人的心意，並且援助並沒有就此停止，思埠人繼續關注著露西媽媽的情況。

武漢

匡金東一家是武漢羅田縣匡河鎮祠堂河村村民，也是村裡的困難戶。匡金東十多年來一直在江蘇打工，平日裡只有女兒小匡林和六十五歲的奶奶在家。小匡林一歲時就被檢查出患有腦瘤。二〇一四年九月十二日十四時，小匡林在家伸手去拿暖水瓶時，暖水瓶突然傾倒，開水直接從她頭部淋下，等到孩子奶奶聞聲趕到，孩子已接近休克。事後，被開水嚴重燙傷的小匡林被送到羅田縣人民醫院，隨後又被轉到武漢，幾經搶救，仍生命垂危，與此同時，醫療費用告急。思埠集團河南黛萊美化妝品有限公司糖糖團隊得知消息後，二〇一四年九月三十日組織旗下團隊和所有思埠家人為小匡林捐贈急需的醫藥費。思埠愛心幫扶中心隨後也再次捐出一萬元給小匡林，將愛傳遞到這個家庭。

廣州

二〇一四年十月二十日，「破繭成蝶，團隊至上」——思埠集團全國經銷商交流大會在廣州華鉅君悦大酒店隆重召開。數千名思埠經銷商參加此次交流大會，思埠集團董事長吳召國出席大會並發表重要講話。在下午的經銷商分享交流環節中，上臺的經銷商講到動情處不禁潸然淚下，不停感謝思埠和吳總給予的創業機會，感謝思埠給予的人生希望。經銷商婷婷家庭困難，身患頑疾，小小年紀就要照顧殘疾的父母，結婚後丈夫也遭受車禍變成殘疾人，一家的負擔都壓在她嬌弱的肩膀上。吳召國瞭解到婷婷的故事之後，深受感動，大會現場代表思埠集團向她資助了一萬元，並承諾會繼續跟進。

二〇一四年十月二十五日晚，殘疾人網上創業與就業孵化基地團隊參加完思埠全國經銷商交流大會後，來到思埠集團總部參觀，思埠集團董事長吳召國接見了他們。吳召國瞭解到他們的情況後，得知他們在身懷頑疾的情況下仍然堅持創業的夢想時，感動不已，當場叫來集團財務總監現場捐了十萬元人民幣給他們，並表示會繼續幫助這個機構，無償提供殘疾人網上創業與就業機會。

思埠殘疾人網上創業與就業孵化基地中大部分人是無法行走的，需要輪椅幫助他們出行，還有的人是燙傷了臉，終日帶著頭巾遮擋臉部。他們或許有些自卑，但卻一直沒有放棄自己，努力為自己創造價值，不拖累別人。去關注殘疾人，更重要的是努力解決他們的就業問題，慈善不是施捨，真正能幫他們找到存在的價值以及發展機會才是最重要的。

樂樂出身於一個非常貧困的農村家庭，有次不慎從三樓摔到一樓，等家裡人急忙送她去醫院動手術搶救後，命是保住了，然而她也永遠失去了行走的能力，一輩子坐在輪椅上，出行只能依靠輪椅。為了樂樂的病，昂貴的醫藥費讓本來就貧困的家庭雪上加霜，負債累累。當樂樂講到這裡的時候早已泣不成聲。這些年來，道路走得異常艱辛，巨額的外債像座大山一樣壓得她透不過氣來，樂樂時常感到內疚，她常常問自己這樣活著還有意義嗎？

思埠集團董事長吳召國瞭解到樂樂的情況後，當場決定為這個命途多舛的女孩捐款一萬元，以緩解樂樂的燃眉之急，並鼓勵樂樂堅強勇敢的面對生活中的一切考驗。除此之外，思埠旗下小金條團隊的二十五位成員也紛紛慷慨解囊，為樂樂募捐到共計一萬二千五百元。

山西

近日，山西思埠若欣團隊為植物人仲環家庭籌集了五萬一千元的救助金，三位附近地區的夥伴相約探望仲環家庭。仲環之前身體就不好，在不幸摔到腦部後，在醫院重病監護室住了三天，醫生說估計最好的結果就是成為植物人。因為需要很多的錢才能維持她的生命，為此山西思埠所有的小夥伴發動愛心捐助共籌了五萬一千元，可是等到三位附近地區的夥伴去看望她的時候，卻得知噩耗，她永遠的離開了人間，留下了年邁的父母，幼小的女兒。據瞭解，仲環家裡家徒四壁，生活艱辛。她愛人每月只有六百元的收入，基本的日常生活都難以維繫。儘管是這樣，可仲環生前一直很努力，也一直保持著積極樂觀。但是天有不測風雲，人的生命是那麼脆弱，她就這樣突然地撒手人間，留下年邁的父母，幼小的女兒，還有臥病在床需要長期治療的公公……這樣一個特殊的家庭，以後也只能依靠仲環的愛人每月微薄的收入來維繫。其實，這根本不足以支撐起這個家。思埠人除了送去第一筆救助金，還在各個群落發動大家繼續關注這個家庭，繼續在條件允許的前提下，給予愛心幫助，讓逝者安息。

重慶

春燕是重症肌無力患者。肌無力是神經肌肉傳遞障礙所致之慢性疾病。臨床特徵為受累的骨骼肌肉極易疲勞，如果不及時治療，會向身體四肢蔓延，最終導致癱瘓甚至失去生命。

春燕家境並不寬裕，原本也拿不出巨額的醫療費。本來她想與愛人一起拼個幾年，湊齊錢把病治好。但卻沒想到屋漏偏逢連夜雨，家裡的公公突然病倒，並且非常嚴重。

這讓本來就困難的家，如履薄冰。為了先給公公治療，並且保障兩個年幼的孩子讀書，她的病只能擱置著。這個關鍵時刻，思埠雅希團隊小夥伴們瞭解到消息，前去探望春豔，並進行慰問，在確認情況屬實後，思埠的小夥伴們積極行動起來，發動各方捐款，將愛傳遞到這個家庭，幫助春豔度過難關。思埠愛心幫扶中心決定拿出一筆錢為春燕進行生活援助。

泉州

二〇一四年十月三十日早上，泉州思埠菜菜團隊前往南平市順昌縣陽光養老院去探訪慰問那裡的老人。在當天的慰問活動中，菜菜團隊的小夥伴與老人們話家常，瞭解他們的日常起居及需要。在攀談中瞭解到，老人們的洗衣機由於使用頻率高而被損壞，因此小夥伴們立即決定為養老院購置新的洗衣機，從而保證老人們的生活品質。同時他們還細心地考慮到應當增添老人們平日的休閒娛樂活動，於是為老人院添置了一臺音響，讓老人們能夠享受到聽歌唱歌的生活樂趣。當天下午，小夥伴們在參觀了養老院新建的鐵板房餐廳後，為了讓老人們能夠擁有一個更舒適的用餐環境，當即捐出了三千元作為設施補助。此次探訪慰問活動不僅為老人們獻上了物資、補助金、以及早已準備好的牛奶與水果等慰問品，還獻上了思埠的一片真誠愛心，為老人們帶去溫暖與關懷。

南寧

二〇一四年十月十九日晚，經銷商潘琴的父親突然全身抽搐，抽風倒地，不省人事。經過緊急搶救，才緩緩甦醒過來。隨即，醫生宣布了一個不幸的消息：潘琴父親患有腦膜瘤，如不及時進行治療，後果將不堪設想。望著昔日是家中支柱的父親躺在床上痛苦的神情，潘琴泣不成聲。潘琴家是在一個邊遠的山村，家裡以務農為主，沒有其他的收入來源，屬於村裡的貧困戶。父親的病需要進行開顱手術，費用龐大，這樣的一個困難家庭，實在無力承擔這些巨大的數額。瞭解到潘琴父親的情況後，思埠愛心幫扶中心立即捐出五千元，緩解潘琴家的燃眉之急。

吉林

「我的家人都病倒了，我該怎麼拯救他們？」李昕蕾，二十三歲，出生在吉林省吉林市的一個普通家庭裡，父親的家暴給她的童年留下了不可磨滅的陰影。父母離異後，她跟著媽媽異常艱苦地生活過一段時間。後來，她輟學打工，母親也再度結婚，生活似乎開始美好起來。然而，天不遂人願，二〇一三年三月分，李昕蕾母親被查出乳腺癌晚期，病情嚴重。同年六月分，父親去世了。面對這樣沉痛的打擊，昕蕾咬牙堅持下來了。讓人始料不及的是，繼父也身患重病，臥床不起。母親為了照顧繼父，自己耽擱了治療，原本就被病魔糾纏的身體再次惡化，不得不開始進行化療。二〇一四年四月，醫生對母親的病情下了最後的通牒：唯一的辦法，就是標靶治療。但是，昂貴的手術費讓她感到空前的絕望。為了給母親和繼父治病，家裡的一點點積蓄早就花光了。為了生計，昕蕾成了思埠的一員。也是在她最無助的灰暗日子，思埠愛心幫扶中心瞭解到她的情況，為李昕蕾的家庭送來了捐款，為他們的生活帶來了一絲曙光。

南昌

世界上最痛苦的事是，樹欲靜而風不止，子欲養而親不待。思埠經銷商陳小蘭，從事經銷商代理工作已經有十個多月了。她一直很努力地工作，眼看生活稍有起色。偏偏天降橫禍——二〇一四年春節，父親被檢查出肝癌早期。儘管手術費用昂貴，但為了父親的健康，她還是找親戚東拼西湊，把手術費湊齊了。手術後，父親依然不能幹活，除了吃藥，還要定期回到醫院複檢。此後，七八萬的手術債務就壓在了陳小蘭身上。然而禍不單行，二〇一四年十月二十五日，一場突如其來的車禍讓陳小蘭幾近崩潰，父親再次進院治療，一口牙齒全部被撞得爛碎，傷勢嚴重，痛苦不堪，索賠無門。原本已經負債累累，陳小蘭陷入絕望中，她不知道該怎麼辦，她多希望有人伸出援手幫幫她……思埠愛心幫扶中心在這個時候瞭解到陳小蘭的情況後，當即為她先送上五千元捐助款，同時呼籲更多的思埠小夥伴都能獻出自己的一份愛心，幫助陳小蘭的父親擺脫傷痛、病痛的糾纏，早日康復。

郴州

小皖湘今年十一歲，本該是與普通的孩子一樣，過著天真快樂的童年生活。她的家庭雖不富裕，卻極為和美。然而，就在二〇一四年十月十三日下午，放學後的小皖湘和幾個同學結伴騎自行車回家，途中，不幸突然發生了。由於山體滑坡，泥石從山上滾落，堆積在路上形成小土堆，小皖湘騎自行車路過時一不小心撞上土堆，自行車失去平衡，她連車帶人倒了下去。就在這時，一輛重型自卸貨車從李皖湘身邊經過，把小皖湘捲入了車輪底下。雖然小皖湘及時得到了救治，但因傷勢過重，右腿不得不截肢。這次事故也導致小皖湘全身多處骨折，在醫院進行了好幾次手術，花費數十萬元醫療費後，小皖湘的父母再也無力籌措醫藥費，這個處於絕望中的家庭亟待好心人伸出援手。二〇一四年十一月二十八日，思埠旗下銳美團隊得知情況後，立刻飛往湖南郴州探望小皖湘。可憐的小皖湘躺在病床上一動也不能動的情景讓團員們感到陣陣心酸。二十九日，銳美團隊舉行募捐活動，並將當天所捐的物品和款項共計一萬二千元，全部用於小皖湘的治療。

花都

二〇一四年十一月二十九日，「不忘初心，感恩有你」全國經銷商大會隆重舉行。在經銷商的分享環節中，一位叫麥湅的經銷商小夥伴上臺分享她感人的經歷：

麥湅生於一個貧困的家庭裡。小時候的一次高燒打錯針，導致她患上了小兒麻痺症。由於家裡的兄弟姐妹較多，家境艱難，家裡人顧不上她的病，因此錯過了最佳的治療期，使她落下了身體缺陷。後來，為了生活，她進入一個服裝廠做衣服。起初，因為身體上的缺陷，她受到了許多嘲諷和白眼。但是她靠自己的努力獲得了大家的認可，而工作幹得也越來越出色。然而，她也常常陷入無盡的思考中：難道自己一輩子就要在這個廠房默默無聞地生活麼？她就應該嫁人生子結束一生嗎？直到一次偶然的機會，她幸運地加入了思埠的大家庭。她不善於表達，便拼命練習；她不善於銷售，便拼命學習。哪怕身邊的一些人打擊她，認為她做不出成績，她也從不氣餒。她說：「我非常感謝思埠，給了我一個如此巨大的平臺，讓我可以向全世界證明自己的能力⋯⋯」當麥湅被大勝團隊的小夥伴們抱上經銷商大會的舞臺時，她幾乎泣不成聲。她的奮鬥經歷，也深深地打動了吳召國董事長。吳總當場決定資助她一萬元的創業資金，並鼓勵她勇敢地面對生活，創造屬於自己的美好未來⋯⋯

四川

二〇一四年十月，家住四川省筠連縣，年紀不到三歲的小龍龍在家裡玩耍時，不慎半身跌入沸水盆中，重度燙傷，皮膚百分之三十嚴重壞死，生殖器官嚴重受傷，需要進行大面積的植皮手術。經全力救治後，主治醫生的回覆是：目前依然處於重度危險期，若是不小心感染，隨時都有可能窒息死亡。這個突如其來的噩耗，徹底擊垮了這個原本就命途多舛的家庭。小龍龍的父親早在幾年前就因一場意外的車禍變成了殘疾人，無力工作，家裡僅靠爺爺賣點小菜補貼家用。然而，經過醫院的初步估計，先不算後期的植皮修正費用，前期的穩定治療費用預計就已經高達十萬元左右。對於這樣的家庭而言，十萬塊費用的籌集難如登天！但是，小龍龍的家人仍然不會放棄任何一絲可以讓孩子好起來的機會。小龍龍的母親雖然承受著巨大的悲痛，卻堅持每天工作，期待能盡力救活自己的孩子。思埠旗下歆悦美妝公司得知消息後，迅速安排了經銷商到小龍龍所住的醫院進行了慰問以及瞭解具體情況，同時也在歆悦美妝內部開展了捐款活動，為小龍龍繳交了治療費用。二〇一四年十二月初，思埠愛心幫扶中心得知消息後，也第一時間從思埠公益基金裡拿出了五千元捐助給小龍龍。

安徽

許偉鈴，艾薇團隊的一名經銷商。自二〇一四年四月加入思埠大家庭以來，他一直勤勤懇懇，積極對待工作。他從不抱怨，在他身上，永遠傳播著正能量。但是，誰也不知道他背後的辛酸血淚……許偉鈴來自安徽宿州市泗縣一個農村家庭。家中的父親患有帕金森，腦萎縮的疾病，常年臥病在床。為了醫治疾病，他曾帶著父親到合肥，南京，上海，北京等各大城市就醫，後來都是無奈返回。如今，父親僅靠藥物維持著微弱的生命，需由五十六歲的老母親二十四小時辛勤照顧。許偉鈴的家裡雖有幾畝良田，卻早已填充不了父親就醫的龐大花費，他只能艱難地維持著家中生計。然而，就在二〇一四年十一月二十八日，許偉鈴父親的病情突然加重，連夜送到泗縣醫院檢查後，醫生告知他一個不幸的消息：因常年臥病在床，父親的屁股早已潰爛，患上了褥瘡，而且肺部感染嚴重，需長期住院治療。許偉鈴的心情很不是滋味。可憐的父親被病魔折磨了半輩子，家裡也已經一貧如洗。對於這樣一個貧困的家庭來說，哪裡還支付得起如此大的一筆開銷？這樣的時刻，思埠愛心幫扶中心再次為許偉鈴送來捐款，也帶來思埠人的愛。

山東

急性巨核白血病m7，一種臨床少見類型的白血病，若不經特殊治療，平均生存期僅三個月左右。對於常人來說，這是多麼可怕的一種疾病啊！然而，一歲四個月的李子辰居然被查出患有這種白血病，子辰的父母頓時感覺天要塌了……起初，為了孩子的病，短短一個月內，子辰的父母在各大城市來回奔走了五間醫院，都被拒收了，而每間醫院給出來的理由都相同：治癒率幾乎為零。但子辰的父母並沒有放棄，繼續尋醫問藥。終於，在山東省中醫院，子辰被留了下來，卻開始了漫長的化療，住了五個多月，做了五次化療。可憐的子辰天天被關在醫院的無菌室，每天面對的只有一臺電視機和永遠打不完的點滴，化療期間每隔一天抽一回血，每隔一個月做一回骨髓穿刺，子辰的兩隻腳都被紮得再也沒有地方紮了。而這一切，就好像是他永遠受不完的罪。

雖然一直忍受著病魔的折磨，但子辰還是堅強地挺過來了，臉上也時常露出微笑，就像一個小天使，溫暖著家人的心窩。也許是他們的堅持感動了上天，醫院給了一個所有人都意想不到的檢查結果——這個階段正是孩子移植的最佳時期，做了移植就有治癒的希望！然而，為了子辰的病，前後奔波和治療，已經花了二十幾萬了……如今高昂的費用他們再也負擔不起了。好不容易迎來的一道曙光難道就要被絕望湮沒嗎？二〇一四年十二月，思埠愛心幫扶中心得知子辰的情況後，立刻捐出五千元幫助子辰治療，並呼籲所有的思埠家人們也能迅速行動起來，救救這個可憐的孩子。捐款紛湧而至，子辰的母親承諾，每一筆捐款都會記下名字，也會在空間和微博上貼出去。在任何一個有能力償還的時刻，他們將會不遺餘力地回報……

鹽城

瞿亞楠，思埠集團的一名授權經銷商，來自江蘇鹽城的一個條件艱苦的家庭。婚後生活並不理想，收入甚微，婆婆公公沒有固定收入，家裡還有一位身體不好、常年有病的婆婆，只靠她和丈夫努力維持生計。但自二〇一四年五月加入思埠大家庭後，她彷彿看到了希望的曙光，生活不再是混混沌沌，理想有了基點，夢想就要成真。然而，這個美好的夢想就在婆婆發生意外的那一刻被撕裂得粉碎：二〇一四年十二月六日清晨，瞿亞楠的婆婆在騎著電動車去市場賣菜補貼家用的路上突然發生意外，一輛疾馳而來的電動三輪車逆向行駛，將瞿亞楠的婆婆撞倒在地，車禍發生後，肇事者全然不顧瞿亞楠的婆婆的安危，倉促逃離事故現場。幸好僅剩一點意識的婆婆及時撥打了瞿亞楠電話，待瞿亞楠和丈夫趕到事故現場，婆婆已經倒在了鮮紅的血泊裡，下排牙齒全部掉光，大腿受傷，能清晰地看到左腿肉裂開，骨頭戳出來，情況慘不忍睹。送到醫院救治後，醫生判斷可能要將左腿截肢，但考慮到婆婆年紀還較輕的情況，故留院觀察治療。巨額的醫療費已讓瞿亞楠的家庭入不敷出，生活如履薄冰，全家人都籠罩在不幸之中。她唯一的希望是盡自己所能讓婆婆的腿得以康復。但即將面臨的巨額手術費卻讓她不知所措……

二〇一四年十二月分，思埠旗下南通恩埠小敏團隊的小夥伴們帶著愛心捐款和物資趕到江蘇省南通市通州區，探望瞿亞楠的婆婆。而思埠愛心幫扶中心在得知詳情後也迅速捐出了五千元幫助瞿亞楠這個遭遇不幸的家庭。

商河

「我不知道爸爸還有多長時間，也不知道如何去幫助他……求求你們，我真的快崩潰了！」這段痛徹心扉的話語來自一封求助信，落款人是孫希芹。就在一年前，孫希芹的父親被查出患有胃腺癌。起初，父親只是覺得身體不太舒服，去醫院做了一系列的檢查後，居然發現是胃腺癌。這個消息如同晴天霹靂，讓全家人都震驚了。孫希芹的父親是一個普通的農民工，家裡雖然不富裕，日子也過得有滋有味。父親是家中的頂樑柱，一手撐起了整個家，辛辛苦苦操勞了大半輩子，只為了把三個兒女養大成人。如今三個兒女各自成家，原本想舒舒服服過個日子，卻不幸患上這讓人絕望的疾病。儘管家境再不好，孫希芹一家也下定決心要把父親治好。經過一次大手術後，孫希芹的父親終於慢慢好轉。但是因為手術欠下的債務卻讓他食不知味，夜不能寐，而手術後每半個月一次的化療也把家裡的積蓄給花光了。父親為了還債，整整一年沒日沒夜地工作，再一次拖垮了身體。最令人心痛的是，父親的胃裡再一次長出癌細胞……面對這樣的情況，孫希芹已經無能為力，只能向社會發出求助。二〇一四年十二月二十八日，思埠愛心幫扶中心收到孫希芹的求助信，瞭解到她父親目前的情況後，立刻捐出了五千元。並呼籲社會各界的愛心人士舉行相應的捐款活動，共同幫助孫希芹的父親。

岳陽

二〇一五年一月八日晚上六點多，一杯熱開水打破了一個家庭的平靜生活。岳陽湘陰縣一歲大的小宸宇被一杯熱開水從頭淋下，全身燒傷面積達三成。據瞭解，為了改善家庭窘境，小宸宇的父母外出打工，把兒女交給爺爺奶奶照顧。因為奶奶的一時疏忽，導致了意外的發生，小宸宇不慎被開水燒傷。孩子住院後，全家人輪流來照看他，宸宇的父親則只能繼續打工來掙醫藥費。一月十七日，思埠博之奇團隊的小夥伴們得知這一消息後，立即開展了愛心捐款活動。截止至十九日下午四點，募集到資金一萬八千五百二十元。一月二十日，思埠博之奇團隊的小夥伴們來到湖南長沙的湘雅醫院探望病床上的小宸宇，他的頭部、胸部、肚子都用特殊的防感染紗布包裹著，還打著點滴。當聽到小宸宇在病床上塗抹藥水時發出的哭喊聲，小夥伴們都忍不住流下心疼的淚水。自小宸宇住院以來，巨額的費用已經壓垮了他的整個家庭。而將來那筆無法估算的治療費用，更是讓人觸目驚心。當小夥伴們把這筆愛心捐款交到小宸宇的母親手中時，她止不住感激的淚水，緊緊握住小夥伴們的手，連聲道謝。愛的力量是巨大的，只有我們學會無私奉獻，甘願為別人獻出自己的一分愛心，生活才能充滿溫暖。思埠用實際的愛心行動去幫助他們。

南寧

蘇鴻，出生四個月的時候，就被廣西省玉林市婦幼保健院確診患有罕見的血液病——重型β珠蛋白生成障礙性貧血，又稱β型地中海貧血。從他還在繈褓中的時候，就需要靠每月一次的輸血和每天的排鐵治療維持生命。隨著年齡的增長，如今已嚴重到每十天就需要輸血一次才能維持生命，而這個情況將會持續惡化。因為患有這個嚴重的疾病，小蘇鴻有著和其他孩子不一樣的童年。當同歲的小朋友們在幼稚園裡愉快地玩耍時，小蘇鴻只能在醫院接受輸血治療，而他的家人又開始為下一次輸血的費用急得焦頭爛額。長期以往，這個農村家庭早已一貧如洗，並欠下巨額外債，全家人都身心俱疲。血液專家表示，要挽救小蘇鴻的生命，只有做移植手術，建議用同胞的臍帶血進行移植。蘇鴻父母曾嘗試過懷第二胎來拯救他的生命，可惜不幸流產。然而，前一陣時間，醫院突然宣布在廣西南寧醫科大找到了合適的骨髓捐獻者，並且配型成功了！這無疑是一個幸運的消息！可是將近四十萬的手術醫療費用對於這個貧困的家庭來說已經是一個天文數字，更何況還有後續的治療費用。為了挽救小蘇鴻的生命，思埠旗下深圳思埠鑫躍團隊開展了以「拯救小蘇鴻生命，請伸出你的援手」為主題的萬人愛心募捐活動，並於二〇一五年一月二十日，把保暖衣物、書包等生活用品以及募集所得的善款一萬七千一百元送到了小蘇鴻的母親手中。

新鄉

他的名字叫張振華，一位正值花樣年華的青春少年，一個即將邁進心儀大學的高三學生，卻在人生中的緊要關頭患上一場大病。張振華出生在一個普通的家庭，家住新鄉縣翟坡鎮小宋佛村，父母無業，靠母親經營一個小賣部和政府給予的低保維持生活。然而，命運對這個困苦的家庭並不眷顧，短短的十年間，災難卻接踵而至：二〇〇六年六月，張振華的姐姐遭遇車禍，以致骨折和腦損傷；二〇〇五年張振華的母親做了子宮切除手術；二〇〇六年張振華的奶奶偏癱，花了大筆醫療費；二〇〇九年三月張振華父親遭遇車禍，喪失了勞動能力；二〇〇九年十月張振華的母親又患上了乳腺癌；二〇一四年十二月十九日，在新鄉市人民醫院，張振華被確診患上急性淋巴性白血病。對這樣的一個家庭來說，無疑是一個晴天霹靂……然而，面對家庭出現的諸多變故和自己身患重病的狀況，張振華卻始終選擇微笑面對，他燦爛的笑容感染和影響著身邊的每一個人。即使化療讓他每天都要噁心嘔吐，輸血、輸液讓他身上佈滿了針眼，可他卻從不叫苦。二〇一五年一月二十七日晚，鄭州雨夾雪侵襲，新鄉大風肆虐，突然的降溫讓空氣中多了一分寒冷。但是，冷風中卻有一股暖流在湧動，溫暖著真正需要幫助的人。這股暖流來自思埠集團。當張振華因家境貧困無力支付昂貴的醫藥費，面臨生與死考驗的時候，思埠集團高管任飛在獲悉這一消息後，第一時間做出明確回應：為張振華捐助愛心善款五萬元，這分善舉不僅感動了張振華及其家屬，也受到了張振華所在醫院領導和醫生們的大力讚揚。面對聞訊趕來採訪的媒體記者，任飛說：「孩子面臨生死考驗，我覺得我有責任盡自己的力量去幫助他，這關乎一個人的生命！」

思埠义工－昆山站

昆山爱心召集令

思埠义工－安吉站

心冷寒冰团队来到了浙江湖州安吉县梅溪镇社会福利院

思埠义工－宁波站

思埠秀丽团队慰问宁波恩美儿童福利院

思埠义工－宁海站

宁海思埠团队来到浙江宁波宁海裕顺福利院

思埠义工－无锡站

思埠义工团队来到了江苏无锡幸福颐养院

思埠义工－义乌站

卡尔小组代表思埠公司走进了义乌市社会福利院

思埠义工－漳州站

思埠号外团队以及优秀经销商们来到了福建漳州芗城区福利院

思埠义工－长春站

冰冰团队小伙伴们来到了长春自闭症语言康复学校

思埠义工－山东泗水站

思埠冰美人团队小伙伴来到了山东省泗水县走访了10多户困难群众

思埠柔情团队爱心传递 走进增城新塘五保户

（广州思埠讯）思埠爱心公益活动——在中秋节来临之际，举行"中秋敬老"活动，思妍熙义工团秉承着思埠的爱心传递理念，来到广州增城地区看望五保户的孤寡老人，为老人们献上一份爱心，送上一份关怀，传递一份中秋团圆的祝福。

思埠义工－温岭站

温岭思埠格格团队联合温岭义工走进台州温岭敬老院

思埠义工－温州站

思埠莫莫团队走进温州乐清市社会福利院

思埠义工－雷州站

灾情刻不容缓，我们一起为雷州重建家园

思埠义工－云南鲁甸站

灾情刻不容缓，我们一起为云南鲁甸祈福

思埠义工－云南站

灾情刻不容缓，河南思埠糖糖团队密切关注灾区发展

思埠义工－哈尔滨站

爱心哈尔滨站，弘扬思埠爱心精神，做红十字公益事业

後記

微的夢

就像二〇一四年的微商霎時間充滿我們的朋友圈一樣，二〇一四年的吳召國也霎時闖進了我們的視野。

沒有一種故事比屌絲逆襲更勵志的了。在這個人人都需要心靈雞湯的時代，找到一個勵志故事能讓整個圈子都興奮好一陣子——

他是一個屌絲，屌的只能低著頭出場，仰視山村小童的玩具，仰視每一個身邊的朋友同學，仰視大學的鎏金大字；

他是一個屌絲，屌在他幹過草根都幹過的事，包括做假證、開話吧，彈吉他、打籃球，卻在輾轉和奮鬥中成功逆襲，成為微商眾小妹心中的男神；

他是一個屌絲，屌在讓人看完他的故事就會產生想一邊蹲在牆角吃著硬饅頭喝著礦泉水一邊創業務的衝動。

相比其他的成功人物，吳召國顯得更加真實，更加平易近人，更像我們生活中的你我他。他的故事之中有外出打工的父親，有自己的初戀和初失戀，有商業夥伴的出賣，有貧窮帶來的自卑觀念，有秉燭夜讀的默默努力，更有小人物在大城市之中的戰戰兢兢，如履薄冰。

如果單說勵志，這個版本已經足夠完美。

但是，在一邊搜集資料一邊書寫的過程中，我從勵志的興奮中漸漸回原，有一些關鍵字在腦海裡越來越清晰：

這故事原來關於「微」，關於「夢」。

在近幾年來，「微」已成為一個正在蔓延到全社會的概念。微博，微電影，微訪談，微信，微商。就像微笑一樣，這個微小的東西正在慢慢改變人們的生活。人們一邊珍視這個能發出自己真實聲音的時代平臺，一邊也在為那些微舞臺上展現的獨特的、精彩的個性而歡呼。微的魅力，就在於它的微小。在這個大時代裡，每個人都在關注身邊的微，因為它與自己息息相關。

而夢，每個人都知道，她是新中國在走過一個多甲子之後發出的希冀。對「微」而言，這似乎是一個「高大」的話題。但是，二〇一三年，習大大給中國夢提供了一個溫暖而有力的注腳：中國夢，讓每一個人都有出彩的機會。

每一個人，芸芸眾生，這是微與夢的最佳結合。

從時間的縱軸來看，吳召國的人生軌跡本身就是聚沙成塔式的從微到著的故事版本。他今日的成就，都是昔日踏實的每一步而走來。

從格局的橫面來看，微商的模式和提供的平臺，本身就是集微成大的示範模式。微商，就是最小的商人、最微的商業活動。

而作為「微」的代表，微商起家的吳召國深深知道「微」的力量，他的經銷商隊伍，他的義工團隊伍，他的思埠「夢之隊」，都從「微」而來，逐夢而去。

他揚言，要給每一個人在這裡實現自我價值的平臺和機會，從心出發，追逐夢想。這是一個中國企業家在這個時代裡的定位追求。

讓每一個人都有出彩的機會。夢，從微小的改變開始。

國家圖書館出版品預行編目資料

思埠崛起：吳召國的微商時代 / 理由，林木著. -- 初版. -- 臺北市：二魚文化，2015.08　256面；14.8*21公分. --（閃亮人生；B043）
ISBN 978-986-5813-60-4（平裝）

1.吳召國 2.學術思想 3.企業管理
494　　104013323

二魚文化　閃亮人生　B043

思埠崛起
吳召國的微商時代

作　　者　理由，林木
責任編輯　鄭雪如
美術設計　陳廣萍
行銷企劃　溫若涵
讀者服務　詹淑真

出 版 者　二魚文化事業有限公司
發 行 人　葉珊
地址　106臺北市大安區和平東路一段121號3樓之2
網址　www.2-fishes.com
電話　（02）23515288
傳真　（02）23518061
郵政劃撥帳號　19625599
劃撥戶名　二魚文化事業有限公司

法律顧問　林鈺雄律師事務所

總 經 銷　黎銘圖書有限公司
電話　（02）89902588
傳真　（02）22901658

製版印刷　彩達印刷有限公司
初版一刷　二〇一五年八月
定　　價　二八〇元
ISBN　978-986-5813-60-4

題字篆印・李蕭錕